编 委 会

主　　编：陈学洲　胡　鲲

副 主 编：冯东岳　鲁义善　陈　艳

编写人员（按姓名笔画排序）：

冯东岳　宋晨光　陈昌福　陈学洲

陈　艳　胡　鲲　鲁义善

前言

随着我国渔业转型升级，贯彻落实绿色发展新理念，提质增效、减量增收成为新时期渔业发展的任务要求。质量安全是绿色发展的立命之基，科学规范使用渔药不仅是质量安全的重要保障，也是养殖生产效益的重要保障。积极推广使用国家标准渔药，推进科学规范用药，有效管控渔药残留，是新时期水产养殖业实现绿色发展的重要抓手。

在养殖生产中，因渔药使用不当而引起的质量安全事件屡见不鲜。不少养殖者和渔药经营者对渔药的质量、耐药性、残留、科学使用方法以及渔药使用相关的法律法规、行业标准等存在诸多知识盲区。为普及渔药规范管理和科学使用知识，在农业农村部渔业渔政管理局的指导和支持下，全国水产技术推广总站组织全国水产技术推广系统、科研院所和大专院校的科技人员，围绕渔药使用风险管控编写了本书。

本书采用问答的形式，主要针对渔药的特点及分类、使用风险和公共卫生安全、风险管控、安全使用技术、政策法规和行业标准等做了介绍，重点介绍了渔药风险的来源以及管控措施，列举了常见渔药的制剂、使用方法、注意事项等。此外，还对渔药的作用机理、禁用渔药等进行了简要介绍。

本书具有实用性强、通俗易懂、适用面广的特点，可供从事水产养殖、渔药生产以及疾病预防、诊疗的技术人员学习和参考。

由于作者水平有限，书中不妥之处，敬请读者批评指正。

编　者

2018 年 6 月

目录
CONTENTS

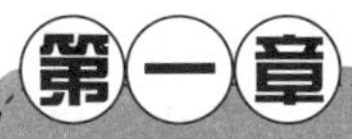

第一章 渔药的概念、特点、分类及其应用

1. 什么是渔药？

渔药是渔用药物的简称，是用来预防、控制和治疗水产动物的病虫害，促进养殖品种健康生长、增强其机体抗病能力，改善养殖水体质量以及提高增养殖渔业产量所使用的物质。

2. 渔药的作用是什么？

渔药的主要作用包括：①预防和治疗疾病；②消除或控制病原；③改善水产养殖环境；④增进机体的健康和抗病力；⑤促进水产动物的生长和调节其生理功能。

3. 渔药的特点是什么？

渔药具有以下特点：①渔药涉及对象广泛、众多；②渔药给药途径特殊，主要以水作为媒介；③渔药施用时水产动物是群体受药；④渔药的药效易受环境影响，如水温是影响渔药效果的一个重要因素；⑤渔药的安全使用具有重要的意义；⑥渔药原料应价廉、易得。

4. 渔药的种类有哪些？

以渔药的使用目的来分类，可将其分为六大类：①抗菌药物，指对病原菌具有抑制或杀灭作用，用于治疗水产动物细菌性疾病的药物，根据其来源不同，抗菌药物可分为抗生素和人工合成抗菌药；②抗寄生虫药，包括抗蠕虫药和抗原虫药；③环境改良及消毒类药物，环境改良剂包括底质改良剂、水质改良剂和生态条件改良剂等，消毒类药物包括氧化剂、表面活性剂、卤素类、酸类、醛类和重金属盐类消毒类药物等；④调节水生动物代谢或生长的药物，包括催产激素、维生素和促生长剂等；⑤中草药，包括抗微生物类中草药、驱杀寄生虫类中草药、调节水生动物生理机能的中草药等；⑥水产用疫苗。

5. 渔药使用注意事项有哪些?

渔药的安全使用应充分注意：①靶动物安全，是指所选择的一种或多种药物对施药对象不构成急性、亚急性、慢性毒副作用，并对其子代不具有致畸、致突变、致癌及其他危害。在制定用药方案时，需对水产动物疾病的类型、疗效、毒副作用进行综合考虑，慎重地选用药物，采用合理的使用剂量。②水产品安全，是指所养殖的水产动物任何可食用部分不存在损害或威胁人体健康的有毒有害物质，避免消费者致病或给消费者的健康带来不利影响。③环境安全，水产药物的使用必须要考虑药物对周边水域环境的影响，确保环境和生态安全。

6. 渔药使用遵守什么原则?

渔药使用时必须做到：①严格遵守国家有关法规，选用符合国家规定、经过严格质量认证的药物，杜绝使用违禁药物；②制定合理的用药方案，认真做好用药记录，坚持“预防为主，防治结合”的方针，提高用药效率，减少用药量；③严格遵守休药期的规定。大多数渔药在我国主要养殖的水产动物体内的休药期均有相应的规定。同一种渔药，在不同的水产动物、不同的温度以及不同的用药方法条件下，其休药期是不同的。

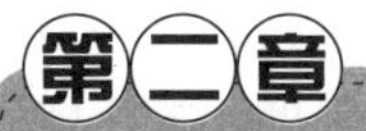

第二章 渔药使用的风险与公共卫生安全

第一节 渔药使用风险及其来源

7. 渔药使用过程中的风险有哪些？

渔药使用过程中主要风险包括毒性风险、残留风险、耐药性风险和生态风险等。

8. 渔药使用过程中的毒性风险包括哪些？

渔药使用过程中毒性风险包括急性毒性、亚慢性和慢性毒性、致突变、生殖毒性、致畸性、致癌性等。其中急性、亚慢性、慢性（或终身）毒性试验等为一般毒性风险。致突变、致畸、致癌等"三致"为特殊毒性风险。

9. 渔药的毒性风险评价包括哪些阶段？

渔药的毒性风险评价主要包括四个阶段：①急性毒性试验阶段；②蓄积毒性和致突变试验阶段；③亚慢性毒性试验（包括繁殖试验和致畸试验）和代谢毒性试验阶段；④慢性毒性试验阶段（包括致癌试验）。

10. 什么是急性毒性试验？

急性毒性试验是在1 d内单次或者多次（2～3次）对实验动物给予药物后，在7 d内，连续观察实验动物所产生的毒性反应及死亡情况。

11. 急性毒性试验目的是什么？

急性毒性试验的目的：①确定受试药物的毒性强度；②计算治疗指数（therapeutic index，TI），即半数致死量（LD_{50}）和半数有效量（ED_{50}）的比值（即 LD_{50}/ED_{50}）；③观察毒性症状，为临床检测毒性提供参考依据；④为亚急性、慢性毒性的试验设计提供参考资料。

12. 如何评价待测渔药急性毒性的强弱？

常以开始致死浓度（ILL）、半致死浓度（LC_{50}）、半数有效量（ED_{50}）或半数忍受限（TLm），结合该渔药引起受试动物体中毒的症状和特点，评价被测试渔药急性毒性的强弱。

13. 什么是亚急性毒性试验？

亚急性毒性试验是为了观察受试动物在较长的时间内（一般在相当于 1/10 左右的生命时间内），少量多次地反复接触受试渔药所引起的损害作用或产生的中毒作用。亚急性毒性试验又称短期试验、亚慢性毒性试验。

14. 亚急性毒性试验目的是什么？

亚急性毒性试验目的：①进一步了解受试渔药在受试动物体内有无积蓄作用；②实验动物能否对受试渔药产生耐受性；③测定受试渔药毒性作用的靶器官和靶组织，初步估计出最大无作用剂量及中毒阈剂量，并确定是否需要进行慢性毒性试验，为慢性毒性试验剂量的选择提供依据。

15. 什么是慢性毒性试验？

慢性毒性试验是指对受试动物反复多次给药，连续给药超过 90 d 的试验。对水产慢性毒性试验动物而言，给药时间几乎占去生命周期的大部分时间甚至终生。

16. 慢性毒性试验目的是什么？

慢性毒性试验目的：①观察受试动物长期连续接触药物对机体的影响；②了解实验动物对药物的毒性反应、剂量与毒性反应的关系、药物毒性的主要靶器官、毒性反应的性质和程度及可逆性等，动物的耐受量、无毒性反应的剂量、毒性反应剂量及安全范围，毒性产生的时间、达峰时间、持续时间及可能反复产生毒性反应的时间，是否有迟发性毒性反应，以及是否有蓄积毒性或耐受性等；③了解短期试验所不能测得的反应，从而可以确定最大无作用剂量。

17. 渔药对鱼类胚胎的毒性有哪些表现？

渔药对鱼类胚胎的毒性表现在可使胚胎死亡、发育迟缓、畸变及功能不全等 4 个方面。

18. 鱼类胚胎毒性试验方法有哪些？

胚胎毒性试验处理的方法有两种。一种是以受试渔药处理亲鱼，如对产卵的试验亲鱼每日定时定量投喂含有一定量渔药的饵料，或者把亲鱼饲养于含有试验渔药的水中，使其接触吸收药物，或者对亲鱼人工注射一定剂量的药物，取其人工授精或自然受精的卵使用。另一种是用正常的鱼卵，将其直接放入含有受试渔药的溶液中处理。

19. 如何确定鱼卵试验中渔药的试验浓度？

试验的药物浓度一般以 96 h 的 LC_{50} 值为基础，按比例递减设计试验浓度，但是必须包括鱼卵全部死亡的最小浓度（LC_{100}）与鱼卵全部存活的最大浓度（LC_0），以便能获得半数忍受限、开始致死浓度及阈浓度等。

20. 什么是渔药致畸试验？

鱼药致畸试验可以利用亲鱼和受精卵进行，胚胎畸形是试验观察指标之一。致畸原因可以从两个方面分析。一方面是药物来自亲鱼母体，通过母体的血液循环传递至生殖腺，如敌百虫、敌敌畏等。许多药物易在母体的生殖腺内积累，经卵母细胞的二次成熟分裂，脱离滤泡排卵，产卵受精直至孵化，于卵黄囊吸收阶段显示出较强毒性，出现畸形胚胎，导致发育迟缓，功能不全以致死亡。另一方面，由于受精卵直接接触外来药物，尤其是卵胚的早期发育阶段（特别是在囊胚期之前），极易引发畸形。

21. 什么是致突变毒性？

致突变毒性是指生物细胞的遗传物质出现可被察觉并可遗传的变化，包括基因突变和染色体畸变。

22. 致突变试验包括哪些内容？

致突变试验的内容包括微生物回复突变试验、哺乳动物培养细胞染色体畸变试验和微核试验三项。

23. 渔药致突变试验中必须获取哪些数据内容？

根据《新兽药特殊毒性试验技术要求》规定，渔药致突变试验至少做三项试验，其中 Ames 试验和微核试验为必做项目。

24. 渔药在水产动物体内的总残留是什么？

渔药在水产动物体内的总残留由母体化合物、游离代谢物及与内源性分子共价结合的代谢物组成。组织中每种残留物的相对量和绝对量，随着所给渔药的量和最后一次给药后的时间变化而变化。

25. 确定药物总残留有效的方法有哪些？

放射性示踪法是迄今用于确定药物总残留最有效的技术。^{14}C 是使用最广泛的同位素，因为它的标记不会出现分子间交换的问题。

26. 如何确定渔药在水产动物可食用组织中的安全浓度？

渔药在可食用组织中的安全浓度利用日许量（ADI）、人的平均体重（60 kg）和每日摄入的产品量（用 g 表示）计算。具体计算方法如下：

$$安全浓度=\frac{\text{ADI}\ [\text{mg}/\ (\text{kg}\cdot\text{d})]\ \cdot 60\ \text{kg}}{摄入值\ (\text{g}/\text{d})}$$

27. 为保证渔药总残留不超标，怎样测量总残留？

①选择标示残留物；②确定标示残留物与总残留之间的定量关系；③计算标示残留物在靶组织中的最大允许浓度，以保证有毒物质的总残留不超过允许浓度。

28. 渔药残留限量分为几类？

根据渔药残留水平，可将渔药残留限量分为三类：①零残留或零容许量，是指药物的残留等于或小于方法的检测限；②可忽略的容许量，即常说的微容许量，残留量稍高于检测限而低于安全容许量；③安全容许量，又称为有限的容许量或法定的容许量，即最高残留限量（maximum residue limits，MRLs 或 MRL），指药物或其他化学物质允许在食品中残留的最高量。

29. 最高残留限量属于哪一类标准？

最高残留限量属于国家公布的强制性标准，决定了水产品的安全性和渔药的休药期。

30. 制定最高残留限量的依据是什么？

最高残留限量确定的依据是：确定残留组分，测定无作用剂量（NOAEL），进行危害性评估（安全系数），确定日许量（ADI）和接触情况调查（食物系数）。

31. 如何计算最高残留限量？

最高残留限量可采用下式计算：

$$\text{MRL (mg/kg)} = \frac{\text{ADI [mg/(kg·d)]} \times \text{平均体重 (kg)}}{\text{食物消费系数 (kg/d)}}$$

32. 制定最高残留限量应考虑哪些因素？

①药物对人类健康的危害程度，如有致癌、致畸、致突变等“三致”作用的药物，其最高残留限量要求应比较苛刻，而一般毒性较小、又不与人用药同源的药物，最高残留限量则可适当高些；②残留药物（或其代谢产物）不会对人体内的有益菌群造成破坏，不会导致耐药菌株或耐药因子的产生；③残留药物检测方法的灵敏度；④国际上有关国家和组织制定的最高残留限量标准；⑤我国水产品生产和进出口的具体要求。

33. 休药期应满足什么条件？

①给生产者提供较高的保险系数，使可食用的动物品质能符合现行的法规；②与动物无公害生产管理规范相一致；③生产者能遵守。

34. 制定休药期应考虑哪些因素？

①最高残留限量，休药期结束时渔药在水生动物可食用部分的残留量应低于其最高残留限量；②检测方法的检测限，检测限应该低于或等于渔药在水生动物体内的最高残留限量；③消除速率方程和消除半衰期（$T_{1/2\beta}$），因为两者能反映渔药在水生动物体内的消除情况，可据此计算出渔药消除至最低残留限量或以下时所需的时间；④养殖水环境状况，其中尤以温度最为重要；⑤具有危害作用的代谢产物的消除情况，要根据它们在水生动物组织中原型渔药及其活性代谢产物的总残留浓度确定休药期；⑥结合残留，如某些渔药与血浆蛋白的结合后可形成残留，从而造成危害。

35. 耐药病原菌对抗菌药物的敏感性测定方法有哪些？

耐药病原菌对抗菌药物的敏感性测定主要有两种方法：纸片扩散法和稀释法（彩图 1 至彩图 2）。

36. 如何控制耐药性风险？

①加强健康养殖的管理措施，减少疾病的发生，这是减少药物使用最根本的措施。②提高疾病的诊断技术和并在治疗前进行的药敏试验，做到针对病原菌用药和提高药物的使用效率，避免药物滥用（彩图 3 至彩图 5）。③提高或改进药物投喂技术，减少药物使用量及其对环境的影响。④监测病原菌耐药性的变化，减少耐药菌的出现。⑤严格消毒隔离制度，防止耐药菌交叉感染。⑥加强渔药管理，严禁使用国家规定的禁用药。⑦开发研制新的抗菌药物。⑧开发生产有效的疫苗。

37. 渔药使用过程中可能出现的生态风险？

①对食物链的影响。渔药使用后，散布在水体或泥土中的渔药被水生植物等低级生物吸收，二级食物链吸收土壤中的渔药，或水禽等再吃水生植物，导致渔药残留转移，最终药物可能会进入人体。②对水体富营养化的影响。含金属元素的渔药（如硫酸铜等）可能促进藻类过度生长。金属元素对藻类的作用是把双刃剑，当浓度较低时，则会促进藻类生长；而浓度过高时，又会抑制藻类生长。③对水体中微生物生态平衡的影响。渔药在抑制或杀灭病原微生物的同时，也会抑制水中的有益菌，导致水体自净能力降低，水质进一步恶化，造成微生物生态环境恶化或消化吸收障碍从而引起水生动物新的疾病。

第二节　渔药风险与公共卫生安全

38. 禁用渔药的违规使用会对公共卫生安全造成哪些危害？

部分禁用渔药在水产品中违规使用会造成的危害见表 2-1。

表 2-1　部分禁用渔药可造成的危害

药物名称	危害情况
氯霉素	抑制骨髓造血功能，造成过敏反应，引起再生障碍性贫血，此外还可引起肠道菌群失调及抑制抗体形成
呋喃类药物	能引起人体细胞染色体突变和致畸作用；引起过敏反应，表现为周围神经炎、药热、嗜酸性白细胞增多等
磺胺类药	使肝、肾等器官负荷过重引发不良反应，引起颗粒性白细胞缺乏症，急性及亚急性溶血性贫血，以及再生障碍性贫血等症状；引起过敏反应，表现为皮炎、白细胞减少、溶血性贫血和药热等
孔雀石绿	有“三致”作用，能溶解足够的锌，引起水生生物中毒
硫酸铜	妨碍肠道酶（如胰蛋白酶、α-淀粉酶等）的作用，影响鱼摄食生长，使鱼肾小管扩大，其周围组织坏死，造血组织毁坏，肝脂肪增多
甘汞、硝酸亚汞、醋酸汞等汞制剂	易富集中毒，蓄积性残留造成肾损害，有较强的“三致”作用
杀虫脒、双甲脒	对鱼有较高毒性，中间代谢产物有致癌作用，对人类具有潜在的致癌性
林丹	毒性高，自然降解慢，残留期长，有富集作用，可致癌
喹乙醇	对水生动物的肝肾功能造成很大的破坏，使其应激能力和适应能力降低，捕捞、运输时能产生应急性出血反应；长期大剂量使用还能引起死亡
己烯雌酚、黄体酮等雌激素	扰乱激素平衡，可引起恶心、呕吐、食欲缺乏、头痛等，损害肝脏和肾脏，导致儿童性早熟，男孩女性化，还可引起子宫内膜过度增生，诱发女性乳腺癌、卵巢癌、胎儿畸形等疾病
甲基睾丸酮、甲基睾丸素等雄激素	引起雄性化作用，对肝脏有一定的损害，可引起水肿或血钙过高，有致癌危险

39. 为控制渔药对公共卫生安全的威胁，渔药临床药效试验包括哪些内容？

渔药临床药效试验应遵照《药品临床试验质量管理规范》，包括以下内容。①临床试验方案的内容。②临床试验的题目和立题理由。③试验的目的和目标。④临床试验的组织管理。⑤临床试验的统计学考虑，包括多中心的临床试验统计分析。⑥课题设计书的准备。⑦记录表格设计。⑧数据处理系统。⑨试验的背景，包括试验药物的名称、非临床研究中有临床意义的发现和与该试验有关的临床试验的发现、已知对鱼体的可能危险和受益。⑩进行试验的场所、申办者的姓名和地址、研究者的姓名、资格和地址。⑪试验设计，例如对照或开放、平行或交叉、单中心或多中心等。偏倚的控制措施：偏倚又称偏性，是指在设计临床试验方案、执行临床试验、分析评价临床试验结果时，有关影响因素的系统倾向，致使疗效或安全性评价偏离真值。随机化和盲法是控制偏倚的重要措施。⑫观察指标的确立以及记录方法，观察指标是指能反映新药疗效或安全性的观察项目。⑬根据专业要求和统计学要求确定病例纳入与剔除标准。⑭根据统计学原理计算出得到预期目的所需的病例数。⑮根据药效学与药代动力学研究结果及量效关系制定的试验药物和对照品的给药途径、剂量、给药次数、疗程和有关合并用药的规定。⑯拟进行的临床和实验室检查项目和测定的次数、药代动力学分析等。⑰试验用药（包括试验药物、对照药品）的登记及记录制度。⑱临床观测。⑲终止和停止临床试验的标准、结束临床试验的规定。⑳规定的疗效判定标准，包括评定参数的方法、观测时间、记录与分析。㉑不良反应的评定记录和报告方法，处理并发症的措施以及事后随访的方式和时间。㉒评价试验结果采用的方法，必要时从总结报告中剔除病例的依据。㉓数据处理与资料保存的规定。㉔临床试验的质量控制与质量保证。㉕临床试验预期的进度和完成日期。㉖申请者和研究者按照合同各方承担的职责和论文发表的协议。㉗参考文献等。

40. 近年来由渔药造成的公共卫生安全典型案例有哪些?

①2002 年 1 月 25 日欧盟以我国出口的虾产品氯霉素超标为由，正式通过 2002/69/EC 决议，宣布对中国出口的动物源性食品（包括水产品）实行全面禁运。据不完全统计，2001 年我国向欧盟出口的水产企业总数为 95 家，2002 年每个企业因欧盟禁令所遭受的损失平均在 300 万～500 万美元。②自 2001 年起，日本不断扩大药物检验范围，使我国对日本的鳗出口大幅度下降。2003 年6 月下旬，日本在其国内明确恩诺沙星的检验方法和最高残留量为 0.05 mg/kg，既未向我国有关部门通报、进行磋商，也未向 WTO 秘书处通报，7 月 3 日就公布实施，而且其厚生省公开下文还要对库存的鳗加工品（包括库存已一年的产品）进行检查，致使 2003 年中国出口日本鳗减少近 2 万 t。③2005 年，欧盟 2005/34/EC 决议使江苏省淡水小龙虾出口撞上了“技术壁垒”。该决议对动物源性产品中检出药物残留问题作了新规定，添加了孔雀石绿、甲孕酮等苛刻的检测指标，形成了苛刻的“技术壁垒”。④2006 年 11 月 16 日，上海食品药品监督管理局公布来自山东的多宝鱼（大菱鲆）硝基呋喃类、环丙沙星等禁用药物残留事件，山东多宝鱼养殖户的直接经济损失高达 40 亿元人民币（上海市一年对多宝鱼的消费需求量在 2 000 t 以上）。⑤2007 年 4 月 25 日美国阿拉巴马州从中国斑点叉尾鮰中检验出氟喹诺酮药物残留，路易斯安那州等南部 4 州先后停止销售中国叉尾鮰鱼片，同时全面停止销售所有从中国进口的水产品。

2017 年 3 月 21 日，农业部发布《2017 年农产品质量安全专项整治方案》，指出要重点开展“三鱼两药”（“三鱼”指鳜、乌鳢和大菱鲆，“两药”指孔雀石绿和硝基呋喃）等 7 个专项整治行动，严厉打击孔雀石绿的违法使用仍是农产品质量安全工作的重点之一。这一方面表明我国政府对农产品质量安全的高度重视，另一方面也警示孔雀石绿仍然是我国水产品质量安全的重大风险隐患。

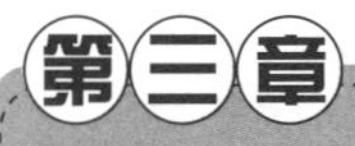

我国政府对渔药风险的管控

第一节　渔药管理的相关法律法规

41. 我国渔药管理的主要法规有哪些？

《兽药管理条例》《中华人民共和国兽药典》（2015 年版）、《国家兽药质量标准》（2017 年版）以及根据这些法规和标准相继颁布的农业部 193 号公告、235 号公告、278 号公告、596 号公告、627 号公告、784 号公告、850 号公告、910 号公告、农业部 31 号令《水产养殖质量安全管理规定》、农业行业标准《无公害食品　水产品中渔药残留限量》（NY 5070—2002）及《无公害食品　渔药使用准则》（NY 5071—2002）等。

42. 地标升国标渔药评审的法规依据有哪些？

《中华人民共和国兽药典》（2015 年版）、《国家兽药标准》（2017 年版）和农业部 596 号公告《首批兽药地方标准升国家标准目录》，以及农业部 627 号、784 号、850 号、910 号、1345 号等公告中的《渔药地标升国标产品目录》。

43. 渔药休药期、水产品渔药残留限量的法规依据有哪些？

农业部 193 号公告《食品动物禁用的兽药及其它化合物清单》、235 号公告《动物性食品中兽药最高残留限量》、278 号公告《兽药国家标准和专业标准中部分品种的停药期规定》、31 号令《水产养殖质量安全管理规定》和农业行业标准《无公害食品　水产品中渔药残留限量》（NY 5070—2002）对渔药休药期、水产品渔药残留限量做出了规定。

44. 规定禁用渔药种类的法规依据有哪些？

《无公害食品　渔药使用准则》（NY 5071—2002）对无公害水产品养殖过程中渔药的使用做出了规定。其规定了 26 种无公害水产品养殖中常用的渔药名称、使用方法及休药期等，另外还规定了林丹等渔药禁止在水产养殖中使用。

45. 我国禁止使用的渔药有哪些？

我国禁止使用的渔药见表 3－1。

表 3－1　我国禁止使用的渔药清单

药物名称	化学名称（组成）	别名
地虫硫磷 fonofos	0－2 基－S 苯基二硫代磷酸乙酯	大风雷
六六六 BHC（HCH） benzem，bexachloridge	1，2，3，4，5，6－六氯环已烷	
林丹 lindane，agammaxare， gamma-BHC gamma-HCH	γ－1，2，3，4，5，6－六氯环已烷	丙体六六六
毒杀芬 camphechlor（ISO）	八氯莰烯	氯化莰烯
滴滴涕 DDT	2，2－双（对氯苯基）－1，1，1－三氯乙烷	
甘汞 calomel	二氯化汞	
硝酸亚汞 mercurous nitrate	硝酸亚汞	
醋酸汞 mercuric acetate	醋酸汞	
呋喃丹 carbofuran	2，3－氢－2，2－二甲基－7－苯并呋喃－甲基氨基甲酸酯	克百威、大扶农
杀虫脒 chlordimeform	N—（2—甲基－4－氯苯基）N’，N’－二甲基甲脒盐酸盐	克死螨

（续）

药物名称	化学名称（组成）	别名
双甲脒 anitraz	1，5-双-（2，4-二甲基苯基）-3-甲基 1，3，5-三氮戊二烯-1，4	二甲苯胺脒
氟氯氰菊酯 flucythrinate	（R，S）-α-氰基-3-苯氧苄基-（R，S）-2-（4-二氟甲氧基）-3-甲基丁酸酯	保好江乌 氟氰菊酯
五氯酚钠 PCP-Na	五氯酚钠	
孔雀石绿 malachite green	$C_{23}H_{25}ClN_2$	碱性绿、盐基块绿、孔雀绿
锥虫胂胺 tryparsamide		
酒石酸锑钾 anitmonyl potassium tartrate	酒石酸锑钾	
磺胺噻唑 sulfathiazolum ST，norsultazo	2-（对氨基苯碘酰胺）-噻唑	消治龙
磺胺脒 sulfaguanidine	N1-脒基磺胺	磺胺胍
呋喃西林 furacillinum，nitrofurazone	5-硝基呋喃醛缩氨基脲	呋喃新
呋喃唑酮 furazolidonum，nifulidone	3-（5-硝基糠醛缩氨基）-2-噁唑烷酮	痢特灵
呋喃那斯 furanace，nifurpirinol	6-羟甲基-2-[-5-硝基-2-呋喃基乙烯基] 吡啶	P-7138（实验名）
氯霉素（包括其盐、酯及制剂）chloramphennicol	由委内瑞拉链霉素生产或合成法制成	
红霉素 erythromycin	属微生物合成，是 *Streptomyces eyythreus* 生产的抗生素	
杆菌肽锌 zinc bacitracin premin	由枯草杆菌 *Bacillus subtilis* 或 *B. leicheniformis* 所产生的抗生素，为一含有噻唑环的多肽化合物	枯草菌肽
泰乐菌素 tylosin	S. fradiae 所产生的抗生素	

（续）

药物名称	化学名称（组成）	别名
环丙沙星 ciprofloxacin（CIPRO）	为合成的第三代喹诺酮类抗菌药，常用盐酸盐水合物	环丙氟哌酸
阿伏帕星 avoparcin		阿伏霉素
喹乙醇 olaquindox	喹乙醇	喹酰胺醇 羟乙喹氧
速达肥 fenbendazole	5-苯硫基-2-苯并咪唑	苯硫哒唑氨甲基甲酯
己烯雌酚（包括雌二醇等其他类似合成等雌性激素） diethylstilbestrol，stilbestrol	人工合成的非甾体雌激素	乙烯雌酚， 人造求偶素
甲基睾丸酮（包括丙酸睾丸素、去氢甲睾酮以及同化物等雄性激素） methyltestosterone，metandren	睾丸素 C17 的甲基衍生物	甲睾酮甲基睾酮

46. 全国遏制动物源细菌耐药行动计划（2017—2020年）的目标是什么？

到 2020 年，实现以下目标：①推进兽用抗菌药物规范化使用。省（自治区、直辖市）凭兽医处方销售兽用抗菌药物的比例达到 50%。②推进兽用抗菌药物减量化使用。人兽共用抗菌药物或易产生交叉耐药性的抗菌药物作为动物促生长剂逐步退出。动物源主要细菌耐药率增长趋势得到有效控制。③优化兽用抗菌药物品种结构。研发和推广安全高效低残留新兽药产品 100 个以上，淘汰高风险兽药产品 100 个以上。畜禽水产品兽用抗菌药物残留监测合格率保持在 97%以上。④完善兽用抗菌药物监测体系。建立健全兽用抗菌药物应用和细菌耐药性监测技术标准和考核体系，形成覆盖全国、布局合理、运行顺畅的监测网络。⑤提升养殖环节科学用药水平。结合大中专院校专业教育、新型职业农民培训和现代农业产业体系建设，对养殖一线兽医和养殖从业人员开展相关法律、技能宣传培训。

47.《水产养殖用药记录》管理有哪些要求？

农业部第31号令《水产养殖质量安全管理规定》的第四章“渔用饲料和水产养殖用药”第十八条规定，水产养殖单位和个人应当填写《水产养殖用药记录》，记载病害发生情况，主要症状，用药名称、时间、用量等内容。《水产养殖用药记录》应当保存至该批水产品全部销售后2年以上。表3-2为水产养殖用药记录表格，表3-3为水产养殖用药休药期记录。

表3-2　水产养殖用药记录

序号				
时间				
池号				
用药名称				
用量/浓度				
平均体重/总重量				
病害发生情况				
主要症状				
处方				
处方人				
施药人员				
备注				

表3-3　休药期记录

日期	池号	温度	药名	停药时间	备注

48. 合格的商品渔药标签和说明书具备哪些内容？

① 商品渔药内外包装的标签须标明：生产许可证号、兽用标识、渔药名称（通用名、商品名及汉语拼音）、适应症（功能或主治）、含量/包装规格、批准文号、生产日期、生产批号、有效期、生产企业信息（厂名、厂址、电话、邮编、电子邮件、网址等）等内容。②说明书必须注明：兽用标识、渔药名称、主要成分［中文标注主成分（化学成分）］、性状、功能与主治、用法与用量、不良反应、停药期、贮藏、注意事项、有效期、规格、批准文号、生产企业信息等。③标签和说明书须真实、准确，无虚假和夸大内容，文字清晰，标识醒目，无粘贴、剪切现象。④内外标签、说明书具有审批号。

第二节 渔药应用技术发展及使用风险管控

49. 我国渔药应用技术发展分为几个阶段？

我国渔药应用技术的发展大致可以分为三个阶段。第一阶段，开始于20世纪50年代。这一阶段的特点在于针对主要病害筛选有效药物，初步形成了治疗方案。当时的鱼病防治提出了“全面预防，积极治疗”的方针，渔药研究主要集中在病原筛选药物、药物有效浓度和安全浓度、药物应用范围及给药方法等药效研究，对当时的渔业生产起到了良好的促进作用。例如，硫酸铜、硫酸铜和硫酸亚铁合剂、敌百虫、高锰酸钾、硝酸亚汞等治疗寄生虫病，磺胺类药治疗细菌性肠炎病，食盐和小苏打治疗水霉病，漂白粉防治烂鳃病，石灰、茶饼和巴豆等清塘，等等。第二阶段，20世纪60年代到80年代，这一阶段抗生素和中草药研究呈现活跃趋势。土霉素、金霉素、红霉素、链霉素等抗生素相继应用于细菌病防治；中草药防治鱼病主要是大量的群众经验。但这些工作仍停留在药效研究阶段。渔药的剂型、工艺都沿袭畜禽等兽药产品，缺乏适合水产动物特点的专用渔药。第三阶段，从 20 世纪 90 年代至今，渔药基础理论研究转入从机理上解决生产实践问题。在这一阶段开始比较系统地开展渔药代谢动力学、渔药作用机理、药效学、毒理学及新型渔药的创制等研究工作，取得了一系列成果。

50. 我国渔药使用风险问题产生的主要原因有哪些？

①渔药基础薄弱，缺乏系统理论指导体系，技术上存在较多的盲点；②现有的渔药相关数据与资料不能支撑渔药安全使用技术体系的建立，渔药滥用现象普遍；③水产养殖动物种类及养殖模式众多，养殖环境复杂，影响药物使用的因素众多，增加了风险控制的难度；④缺乏水产专用药物，特别是部分禁用药物缺乏高效、安全、经济的替代制剂；⑤渔药风险评价的技术手段落后。

51. 管控渔药使用风险需要哪些措施？

①加强渔药基础理论，为管控渔药风险提供理论依据；②完善渔药风险监控体系；③鼓励发展生物渔药等新型渔药；④研发高效、安全的水产专用药物，特别是禁用渔药的替代制剂；⑤建立和实行渔药处方制度，逐步健全可追溯制度。

第四章 渔药安全使用技术

第一节 抗菌药物

52. 选用抗菌药物时考虑的首要因素是什么？

抗菌谱是选用抗菌药物时所需考虑的首要因素。

53. 体外测定抗菌活性方法有哪些？

体外测定抗菌活性或病原菌敏感性的方法主要有试管稀释法和纸片法。试管稀释法可以测定抗菌药的最低抑菌浓度（minimal inhibitory concentration，MIC，即能抑制培养基内细菌生长的最低浓度）或最低杀菌浓度（minimal bactericidal concentration，MBC，即能够杀灭培养基内细菌生长的最低浓度），是一种比较精确的方法。纸片法操作比较简单，通过测定抑菌圈直径的大小来判定病原菌对药物的敏感性（彩图6至彩图10）。

54. 抗菌药物主要有哪些种类？

根据来源不同，抗菌药物包括抗生素和人工合成抗菌药。

55. 水产养殖用抗生素有哪些种类？

水产养殖用抗生素分为氨基糖苷类、四环素类、酰胺醇类等。

56. 人工合成抗菌药物有哪些种类？

人工合成抗菌药包括磺胺类药物和喹诺酮类药物。

57. 抗菌药物作用机理是什么？

①抑制细菌细胞壁合成；②增加细菌细胞膜的通透性；③抑制生命物质的合成，包括影响核酸的合成、影响叶酸代谢、抑制细菌蛋白质合成等。

58. 抗菌药物抑制蛋白质合成的作用机理是什么？

药物分别作用于细菌蛋白质合成的三个阶段：①起始阶段，氨基糖苷类药物抑制始动复合物的形成；②肽链延伸阶段，四环素类药物阻止活化氨基酸和 tRNA 的复合物与 30S 上 A 位点的结合，林可霉素抑制肽酰基转移酶，大环内酯类药物抑制移位酶；③终止阶段，氨基糖苷类药物阻止终止因子与 A 位点的结合，使得已经合成的肽链不能从核糖体上释放出来，核糖体循环受阻。

59. 磺胺类药物的抑菌机制是什么？

磺胺类药物通过干扰细菌的酶系统对氨基苯甲酸（para-amino benzoic，PABA）的利用而发挥抑菌作用，PABA 是细菌生长必需物质叶酸的组成部分。

60. 喹诺酮类药物的抑菌机制是什么？

喹诺酮类药物通过抑止细菌 DNA 螺旋酶（拓扑异构酶Ⅱ）活性从而达到抑菌的效果。

61. 细菌对抗菌药物的耐药机理是什么？

细菌对抗菌药物的耐药机理主要有五个方面。①产生灭活酶。细菌产生能破坏药物的酶（水解酶和合成酶等）而产生耐药性。②降低细胞浆膜的通透性。细菌外膜结构改变导致药物不易渗透至菌体内，而产生耐药性。③改变药物受体与靶蛋白结构。耐药的细菌可改变靶蛋白结构使药物不能与靶蛋白结合，增加靶蛋白的数量，生成新的、对抗生素亲和力更低的耐药靶蛋白。④改变代谢途径或利用旁路途径。⑤通过主动转运泵作用将抗物泵出。

62. 氨基糖苷类抗生素的特点是什么？

①均为有机碱，能与酸形成盐。制剂多为硫酸盐，水溶性好，性质稳定。在碱性环境中抗菌作用增强。②抗菌谱较广，对需氧的革兰氏阴性杆菌作用强，但对厌氧菌无效；对革兰氏阳性菌的作用较弱，但对金黄色葡萄球菌包括其耐药菌株却较敏感。③口服吸收不好，几乎完全从粪便排出；注射给药效果良好，吸收迅速，可分布到体内许多重要器官中。④不良反应主要体现为肾毒性，脑神经被阻断。⑤与维生素 B、维生素 C 配伍产生拮抗作用；与苯类药物等配伍毒性增加。

63. 硫酸新霉素的制剂形式、应用、规格、用法用量、注意事项及休药期？

【制剂】硫酸新霉素粉（neomycin sulfate soluble powder）。

【应用】治疗鱼、虾、蟹等水产动物由气单胞菌、爱德华菌及弧菌引起的肠道疾病。

【规格】100 g：5 g（500 万 IU）；100 g：50 g（5 000 万 IU）。

【用法用量】

（1）100 g：5 g（500 万 IU）　鱼、蟹、青虾：拌饲投喂，一次量（以新霉素计），每 1 kg 体重 5 mg，用本品每 1 kg 体重 0.1 g（按 5%投饵量计，每千克饲料用本品 2.0 g），每天 1 次，连用4～6 d。

（2）100 g：50 g（5 000 万 IU）　鱼、蟹、青虾：拌饲投喂，一次量（以新霉素计）每 1 kg 体重 5 mg，用本品每 1 kg 体重 0.01 g（按 5%投饵量计，每千克饲料用本品 0.2 g），每天 1 次，连用 4～6 d。

【注意事项】

（1）对体长 3 cm 以内的小虾以及扣蟹、豆蟹疾病的防治用药量酌减。

（2）使用本品时，投饲量应比平常酌减。

【休药期】500 ℃ • d。

64. 盐酸多西环素的制剂形式、应用、规格、用法用量、注意事项及休药期？

【制剂】盐酸多西环素粉（doxycycline hyclate powder）。

【应用】治疗鱼类由弧菌、嗜水气单胞菌、爱德华菌等细菌引起的细菌性疾病。

【规格】100 g：2 g（200 万 IU）；100 g：5 g（500 万 IU）；100 g：10 g（1 000 万 IU）。

【用法用量】

（1）100 g：2 g（200 万 IU）　鱼：拌饲投喂，一次量（以多西环素计），每 1 kg 体重 20 mg，用本品每 1 kg 体重 1 g（按 5%投饵量计，每千克饲料用本品 20 g），每天 1 次，连用 3～5 d。

（2）100 g：5 g（500 万 IU）　鱼：拌饲投喂，一次量（以多西环素计），每 1 kg 体重 20 mg，用本品每 1 kg 体重 0.4 g（按 5%投饵量计，每千克饲料用本品 8 g），每天 1 次，连用 3～5 d。

（3）100 g：10 g（1 000 万 IU）　鱼：拌饲投喂，一次量（以多西环素计），每 1 kg 体重 5 mg，用本品每 1 kg 体重 0.2 g（按 5%投饵量计，每千克饲料用本品 4.0 g），每天 1 次，连用 3～5 d。

【注意事项】长期应用可引起二重感染和肝脏损害。

【休药期】750 ℃ • d。

65. 甲砜霉素的制剂形式、应用、规格、用法用量、注意事项及休药期？

【制剂】甲砜霉素粉（thiamphenicol powder）。

【应用】治疗淡水鱼、鳖等由气单胞菌、假单胞菌和弧菌等引起的出血病、肠炎、烂鳃病、烂尾病、赤皮病等。

【规格】100 g：5 g。

【用法用量】鱼、鳖：拌饲投喂，一次量（以本品计），每 1 kg

体重 0.35 g（按 5%投饵量计，每千克饲料用本品 7.0 g），每天 2～3次，连用 3～5 d。

【注意事项】不宜高剂量长期使用。

【休药期】500 ℃ · d。

66. 氟苯尼考的制剂形式、应用、规格、用法用量、注意事项及休药期？

【制剂】氟苯尼考粉（florfenicol powder）、氟苯尼考预混剂（50%）（florfenicol premix－50）、氟苯尼考注射液（florfenicol injection）。

氟苯尼考粉（florfenicol powder）。

【应用】防治主要淡、海水养殖鱼类由细菌引起的败血症、溃疡、肠道病、烂鳃病，以及虾红体病、蟹腹水病。

【规格】10%。

【用法与用量】鱼、虾、蟹：拌饲投喂，一次量（以氟苯尼考计），每 1 kg 体重 10～15 mg，用本品每 1 kg 体重 0.1～0.15 g（按 5%投饵量计，每千克饲料用本品 2.0～3.0 g），每天 1 次，连用 4～6 d。

【注意事项】混拌后的药饵不宜久置且不宜高剂量长期使用。

【休药期】375 ℃ · d。

氟苯尼考预混剂（50%）（florfenicol premix－50）。

【应用】用于治疗嗜水气单胞菌、肠炎、赤皮病等，也可治疗虾、蟹类弧菌病，罗非鱼链球菌病等。

【规格】50%。

【用法与用量】拌饲投喂（以氟苯尼考计）鱼：每 1 kg 体重 20 mg，每天 1 次，连用 3～5 d。

【注意事项】预混剂需先用食用油混合，之后再与饲料混合。为确保安全混匀，本产品须先与少量饲料混匀，再与剩余的饲料混合。使用后须用肥皂和清水彻底洗净配饲料所用的设备。

【休药期】375 ℃ · d。

氟苯尼考注射液（florfenicol injection）。

【应用】治疗鱼类敏感菌所致疾病。

【规格】2 ml：0.6 g；5 ml：0.25 g；5 ml：0.5 g；5 ml：0.75 g；5 ml：1 g；10 ml：1.5 g；10 ml：0.5 g；10 ml：1 g；10 ml：2 g；50 ml：2.5 g；100 ml：10 g；100 ml：30 g。

【用法与用量】鱼：肌肉注射，一次量（以氟苯尼考计），每1 kg体重 0.5～1 mg，每天 1 次。

【注意事项】避免与喹诺酮类、磺胺类及四环素类药物合并使用。

【休药期】375 ℃ • d。

67. 恩诺沙星的制剂形式、应用、规格、用法用量、注意事项及休药期？

【制剂】恩诺沙星粉（enrofloxacin powder）。

【应用】治疗水产动物由细菌性感染引起的淡水鱼出血性败血症、烂鳃病、打印病、肠炎病、赤鳍病、爱德华菌病等疾病。

【规格】100 g：5 g；100 g：10 g。

【用法与用量】

（1）100 g：5 g 水产动物：拌饲投喂，一次量（以恩诺沙星计），每 1 kg 体重 10～20 mg，用本品每 1 kg 体重 0.2～0.4 g（按5%投饵量计，每千克饲料用本品 4.0～8.0 g），每天 1 次，连用5～7 d。

（2）100 g：10 g 水产动物：拌饲投喂，一次量（以恩诺沙星计），每 1 kg 体重 10～20 mg，用本品每 1 kg 体重 0.1～0.2 g（按5%投饵量计，每千克饲料用本品 2.0～4.0 g），每天 1 次，连用5～7 d。

【注意事项】

（1）避免与阳离子（Al^{3+}、Mg^{2+}、Ca^{2+}、Fe^{2+}、Zn^{2+} 等）或制酸药如氢氧化铝、三硅酸镁等同时服用。

（2）避免与四环素、甲砜霉素和氟苯尼考粉等有拮抗作用的药物配伍。

（3）禁止在鳗养殖中使用。

【休药期】500 ℃·d。

68. 噁喹酸的制剂形式、应用、规格、用法用量、注意事项及休药期？

【制剂】噁喹酸散（oxolinic acid powder）、噁喹酸混悬溶液（oxolinic acid suspension）、噁喹酸溶液（oxolinic acid solution）。

噁喹酸散（oxolinic acid powder）。

【应用】治疗鲈形目鱼类的类结节病、鲱形目鱼类的疖疮病、香鱼的弧菌病、鲤科鱼类的肠炎、鳗鲡的赤鳍病、赤点病和溃疡病、对虾的弧菌病等。

【规格】1 000 g：50 g；1 000 g：100 g。

【用法与用量】拌饲投喂，一次量（以噁喹酸计）：类结节病，每 1 kg 体重 10～30 mg，每天 1 次，连用 5～7 d；疖疮病，每 1 kg 体重 5～10 mg，每天 1 次，连用 5～7 d；鱼类（香鱼除外）弧菌病，每 1 kg 体重 5～20 mg，每天 1 次，连用 5～7 d；香鱼弧菌病，每 1 kg 体重 2～5 mg，每天 1 次，连用 3～7 d；肠炎病，每 1 kg 体重 5～10 mg，每天 1 次，连用 5～7 d；赤鳍病，每 1 kg 体重 5～20 mg，每天 1 次，连用 4～6 d；赤点病，每 1 kg 体重 1～5 mg，每天 1 次，连用 3～5 d；溃疡病，每 1 kg 体重 20 mg，每天 1 次，连用 5 d；对虾的弧菌病，每 1 kg 体重 6～60 mg，每天 1 次，连用 5 d。

【注意事项】鳗鲡使用本品时，食用前 25 d 内饲养用水平均日交换率应在 50％以上。

【休药期】五条鰤 16 d；香鱼 21 d；虹鳟 21 d；鳗鲡 25 d；鲤 21 d。

噁喹酸混悬溶液（oxolinic acid suspension）。

【应用】治疗鱼类细菌性疾病。

【规格】10％。

【用法与用量】拌饲投喂，一次量（以嗯喹酸计）：鱼的爱德华菌病，每 1 kg 体重 0.4 g，用本品每 1 kg 体重 20～30 mg，每天 1 次，连用 5 d；红点病，每 1 kg 体重 0.02～0.1 g，每天 1 次，连用 3～5 d；虾的红鳃病：每 1 kg 体重 0.1～0.4 g，每天 1 次，连用 5 d。

【注意事项】鳗鲡使用本品时，食用前 25 d 内饲养用水平均日交换率应在 50%以上。

【休药期】25 d。

嗯喹酸溶液（oxolinic acid solution）。

【应用】同嗯喹酸散。

【规格】5%。

【用法与用量】鱼、虾：浸浴，一次量（本品），每 1 m^3 水体，100 ml。

【注意事项】同嗯喹酸散。

【休药期】25 d。

69. 氟甲喹的制剂形式、应用、规格、用法用量及休药期？

【制剂】氟甲喹粉（flumequine powder）。

【应用】主要用于鱼、虾、蟹、鳖气单胞菌引起的出血病、烂鳃病、肠炎等细菌性疾病。

【规格】100 g：10 g；50 g：5 g；10 g：1 g。

【用法与用量】鱼：拌饲投喂，一次量（以氟甲喹计），每 1 kg 体重 25～50 g，每天 1 次，连用 3～5 d。

【休药期】500 ℃ • d。

70. 磺胺嘧啶的制剂形式、应用、规格、用法用量、注意事项及休药期？

【制剂】复方磺胺嘧啶粉（compound sulfadiazine powder）、复方磺胺嘧啶混悬液（compound sulfadiazine suspension）。

【应用】治疗草鱼、鲢、鲈、石斑鱼等由气单胞菌、荧光假单胞菌、副溶血弧菌、鳗弧菌引起的出血症、赤皮病、肠炎、腐皮病等。

复方磺胺嘧啶粉（compound sulfadiazine powder）。

【用法与用量】鱼：拌饲投喂，一次量（以本品计），每 1 kg 体重 0.3 g（按 5%投饵量计，每千克饲料用本品 6.0 g）。每天 2 次，连用 5～7 d，首次用量加倍。

【注意事项】

（1）患有肝脏、肾脏疾病的水生动物慎用。

（2）为减轻对肾脏毒性，建议与 $NaHCO_3$ 合用。

（3）遮光，密闭，在干燥处保存。

【休药期】500 ℃·d。

复方磺胺嘧啶混悬液（compound sulfadiazine suspension）。

【应用】治疗鱼类由气单胞菌、假单胞菌、弧菌、爱德华菌引起的出血症、赤皮病、肠炎、腐皮病等。

【规格】100 ml：磺胺嘧啶 10 g 加甲氧苄啶 2 g；100 ml：磺胺嘧啶 25 g 加甲氧苄啶 5 g；100 ml：磺胺嘧啶 80 g 加甲氧苄啶 16 g。

【用法与用量】鱼：拌饲投喂，一次量（以本品计），每 1 kg 体重 31.25～50 mg，每天 1 次，连用 3～5 d。

【注意事项】同复方磺胺嘧啶粉。

71. 磺胺甲噁唑的制剂形式、应用、规格、用法用量、注意事项及休药期？

【制剂】复方磺胺甲噁唑粉（compound sulfamethoxazolum powder）。

【应用】治疗淡水养殖鱼类（鳗鲡外）、鲈和大黄鱼由气单胞菌、荧光假单胞菌等引起的肠炎、败血症、赤皮病、溃疡病等。

【规格】100 g：磺胺甲噁唑 8.33 g 加甲氧苄啶 1.67 g。

【用法与用量】鱼：拌饲投喂，一次量（以本品计），每 1 kg 体重 0.45～0.6 g（按 5% 投饵量计，每千克饲料用本品

9.0～12.0 g），每日 2 次，连用 5～7 d，首次用量加倍。

【注意事项】

（1）患有肝脏、肾脏疾病的水生动物慎用。

（2）为减轻对肾脏毒性，建议与 $NaHCO_3$ 合用。

【休药期】500 ℃·d。

72. 磺胺二甲嘧啶的制剂形式、应用、规格、用法用量、注意事项及休药期？

【制剂】复方磺胺二甲嘧啶粉（compound sulfadimidinum powder）。

【应用】治疗水产动物由嗜水气单胞菌、温和气单胞菌引起的赤鳍、疖疮、赤皮、肠炎、溃疡、竖鳞等疾病。

【规格】250 g：磺胺二甲嘧啶 10 g 加甲氧苄啶 2 g。

【用法与用量】鱼：拌饲投喂，一次量（以本品计），每 1 kg 体重 1.5 g（按 5%投饵量计，每千克饲料用本品 30.0 g），每日 2 次，连用 6 d，首次用量加倍。

【注意事项】

（1）肝脏、肾脏病变的水生动物慎用。

（2）为减轻对肾脏毒性，建议与 $NaHCO_3$ 合用。

【休药期】500 ℃·d。

73. 磺胺间甲氧嘧啶的制剂形式、应用、规格、用法用量、注意事项及休药期？

【制剂】磺胺间甲嘧啶钠粉（sulfamonomethoxinum sodium powder）。

【应用】治疗主要养殖鱼类由气单胞菌、荧光假单胞菌、迟缓爱德华菌、鳗弧菌、副溶血弧菌等引起的细菌性疾病。

【规格】10%。

【用法与用量】鱼：拌饲投喂，一次量（以磺胺间甲氧嘧啶钠计），每 1 kg 体重 80～160 mg，用本品每 1 kg 体重 0.8～1.6 g

(按5%投饵量计，每千克饲料用本品32.0 g)，每日2次，连用4～6 d，首次用量加倍。

【注意事项】

(1) 患有肝脏、肾脏疾病的水生动物慎用。

(2) 为减轻对肾脏毒性，建议与$NaHCO_3$合用。

(3) 遮光，密闭，在干燥处保存。

【休药期】500 ℃·d。

第二节　抗寄生虫药物

74. 抗寄生虫药物有哪些种类？

根据使用目的，可将抗寄生虫药物分为三类。①抗原虫药：用来驱杀鱼类寄生原虫的药物。②抗蠕虫药：能杀灭或驱除寄生于鱼体内蠕虫的药物，亦称驱虫药。根据蠕虫的种类，又可将此类药物分为驱线虫药、驱绦虫药、驱吸虫药。③驱杀寄生甲壳动物药：杀灭体表寄生的甲壳动物（如鳋、鲺）的药物。

75. 抗寄生虫药物作用机理有哪些？

抗寄生虫药物的作用机理主要有四种。①抑制虫体内的某些酶。不少抗寄生虫药通过抑制虫体内酶的活性，而使虫体的代谢过程发生障碍。②干扰虫体的代谢。某些抗寄生虫药能直接干扰虫体的物质代谢过程。③作用于虫体的神经肌肉系统。④干扰虫体内离子的平衡或转运。

76. 抗寄生虫药物需要满足什么条件？

①安全。对宿主和人毒性小或无毒性的抗寄生虫药是安全的。②高效、广谱。③内服药应适口性好，可混饲给药，不影响摄食，适用于群体给药。外用药物的水溶性要好。④内服抗寄生虫药应该有合适的药物油/水分配系数。⑤价格低廉。⑥无残留。⑦尽量做到水产动物专用，不与人用和兽用药物相冲突。

77. 抗寄生虫药物合理使用技术要点和注意事项是什么？

①坚持“以防为主、防治结合”的原则。②选用适宜的给药方式。③制订合理的给药剂量、给药时间。④了解寄生虫的寄生方式、生活史、流行病学、季节动态、感染强度及范围。⑤注意温度对杀虫药物毒性的影响。⑥虾蟹混养池塘用药时，应特别注意。⑦避免鱼类中毒。⑧准确计算用药剂量，充分稀释后均匀泼洒。⑨注意施药人员安全。⑩用药后要注意观察，并适当采取增氧措施。

78. 抗原虫药物有哪些种类？

抗原虫药物包括硫酸铜、硫酸锌、地克珠利、盐酸氯苯胍。

79. 硫酸铜的制剂形式、应用、规格、用法用量、注意事项及休药期？

【制剂】硫酸铜（copper sulfate）和硫酸亚铁粉（ferrous sulfate powder）。

【应用】防治草鱼、鲢、鳙、鲫、鲤、鲈、鳜、鳗鲡、鲇等由鳃隐鞭虫、车轮虫、斜管虫、固着类纤毛虫等引起的寄生虫病。

【规格】670 g。

【用法与用量】鱼：浸浴，一次量（以本品计），每 1 m^3 水体 10 g，15～30 min；遍洒，一次量（以本品计），每 1 m^3 水体，水温低于 30 ℃时，1 g，水温超过 30 ℃时，0.6～0.7 g。

【注意事项】

（1）不能长期使用，以免影响有益藻类生长。

（2）勿与生石灰等碱性物质同时使用。

（3）鲟、鲂、长吻鮠等鱼类慎用。

（4）瘦水塘、鱼苗塘、低硬度水适当减少用量。

（5）用药后注意增氧，缺氧时勿用。

（6）请勿用金属容器盛装。

【休药期】500 ℃·d。

80. 硫酸锌的制剂形式、应用、规格、用法用量、注意事项及休药期？

【制剂】硫酸锌粉（zinc sulfate powder）、硫酸锌三氯异氰脲酸粉（zinc sulfate and acidum trichloroisocyanuras powder）。

【应用】用于防治河蟹、虾类等水生动物的固着类纤毛虫病。

硫酸锌粉（zinc sulfate powder）。

【体药期】500 ℃·d。

【用法与用量】鱼：遍洒，一次量（以本品计），每 1 m^3 水体，治疗，0.75～1.0 g，每天 1 次，病情严重可连用 2 次；预防，0.2～0.3 g，每 15～20 d 用 1 次。

硫酸锌三氯异氰脲酸粉（zinc sulfate and acidum trichloroisocyanuras powder）。

【规格】100 g：硫酸锌（$ZnSO_4 \cdot 7H_2O$）70 g 加三氯异氰脲酸 30 g（含有效氯 7.5 g）。

【用法用量】鱼：遍洒，一次量（以本品计），每 1 m^3 水体，0.3 g。

【注意事项】

（1）鳗鲡禁用。

（2）幼苗期及脱壳期中期慎用。

（3）高温低压气候注意增氧。

（4）水过肥，换水后使用效果明显。

（5）同时有丝状藻类、污物附着时，每 2 d 重复使用 1 次。

【休药期】500 ℃·d。

81. 地克珠利的制剂形式、应用、规格、用法用量、注意事项及休药期？

【制剂】地克珠利预混剂（diclazuril premix）。

【应用】用于防治黏孢子虫、碘泡虫、尾孢虫、四极虫、单极虫等引起的鲤科鱼类孢子虫病。

【规格】100 g：0.2 g；100 g：0.5 g

【用法与用量】鱼：拌饲投喂，一次量（以地克珠利计），每1 kg体重 2.0～2.5 mg。

【休药期】500 ℃·d。

82. 盐酸氯苯胍的制剂形式、应用、规格、用法用量、注意事项及休药期？

【制剂】盐酸氯苯胍粉（robenidinum hydrochloridum powder）。

【应用】治疗鱼类孢子虫病。

【规格】100 g：50 g。

【用法与用量】鱼：拌饲投喂，一次量（以本品计），每 1 kg 体重 40 mg，每天 1 次，连用 3～5 d，苗种减半。

【注意事项】斑点叉尾鮰慎用。

【休药期】500 ℃·d。

83. 抗蠕虫和寄生甲壳动物药物有哪些？

抗蠕虫和寄生甲壳动物药物包括敌百虫、辛硫磷、甲苯咪唑、阿苯达唑（丙硫咪唑）、吡喹酮、溴氰菊酯、氰戊菊酯、高效氯氰菊酯。

84. 敌百虫的制剂形式、应用、用法用量、注意事项及休药期？

【制剂】精制敌百虫粉（purified trichlophonus powder）、敌百虫溶液（水产用）。

【应用】杀灭或驱除主要淡水养殖鱼类寄生的中华鳋、锚头鳋、鱼鲺、三代虫、指环虫、线虫、吸虫等寄生虫。

精制敌百虫粉（purified trichlophonus powder）。

【用法用量】遍洒，一次量（以敌百虫计），每 1 m^3 水体，0.18～0.45 g，鱼苗用量酌减。

【注意事项】

(1) 虾、蟹、鳜、淡水白鲳、无鳞鱼、海水鱼禁用。

(2) 水深超过 1.8 m 时，应慎用，以免用药后水体上层药物浓度过高。

(3) 不得与碱性药物同时使用。

(4) 水中溶氧低时不得使用。

(5) 水温偏低时，按低剂量使用。

(6) 使用者在使用中发生中毒事故时，用阿托品或碘解磷定作解毒剂。

(7) 用完后的盛器应妥善处理，不得随意丢弃。

敌百虫溶液（水产用）。

【用法用量】遍洒，一次量（以敌百虫计），每 1 m^3 水体，0.1～0.2 g，鱼苗用量酌减。

【注意事项】同精制敌百虫粉。

【休药期】500 ℃ · d。

85. 辛硫磷的制剂形式、应用、用法用量、注意事项及休药期?

【制剂】辛硫磷溶液（水产用）。

【应用】用于杀灭水体中寄生于青鱼、草鱼、鲢、鳙、鲤、鲫、鳊和鳗鲡的指环虫、三代虫、中华鳋、锚头鳋及鲺等寄生虫。

【用法用量】鱼：遍洒，一次量（以辛硫磷计），每 1 m^3 水体，0.01～0.012 g。

【注意事项】由于对光敏感，宜夜晚或傍晚使用。其他同敌百虫。

【休药期】500 ℃ · d。

86. 甲苯咪唑的制剂形式、应用、用法用量、注意事项及休药期?

【制剂】复方甲苯咪唑粉。

【应用】用于治疗鳗鲡指环虫病、伪指环虫病、三代虫病、车轮虫病等单殖吸虫类引起的寄生虫病。

【用法用量】鱼：拌饲投喂，一次量（以本品计），每 1 kg 体重 20～25 mg，每天 1 次，连用 5 d；浸浴，一次量（以本品计），每 1 m^3 水体，2～5 g，20～30 min（使用前经过甲酸预溶）。

【注意事项】

（1）避光，在低溶氧情况下使用。

（2）在使用剂量范围内，一般水温高时宜采用低剂量。

（3）贝类、螺类和斑点叉尾鮰、大口鲇禁用；日本鳗鲡等特殊养殖动物慎用。

【休药期】500 ℃·d。

87. 阿苯达唑（丙硫咪唑）的制剂形式、应用、规格、用法用量及休药期？

【制剂】阿苯达唑粉。

【应用】治疗海水鱼类线虫病和由双鳞盘吸虫、贝尼登虫引起的疾病，以及淡水养殖鱼类由指环虫、三代虫以及黏孢子虫等引起的寄生虫病。

【规格】6%。

【用法用量】鱼：拌饲投喂，一次量（以本品计），每 1 kg 体重 0.2 g，每天 1 次，连用 5～7 d。

【休药期】500 ℃·d。

88. 吡喹酮的制剂形式、应用、规格、用法用量、注意事项及休药期？

【制剂】吡喹酮预混剂（praziquantelum premix）。

【应用】驱杀鱼体内棘头虫、绦虫、线虫等寄生虫。

【规格】2%。

【用法用量】鱼：拌饲投喂，一次量（以本品计），每 1 kg 体重 0.05～0.1 g（按 5%投饵量计，每 1 kg 饲料用本品 1.0～2.0 g），每

3～4 d 1 次，连续 3 次。

【注意事项】

(1) 用药前停食 1 d。

(2) 团头鲂慎用。

【休药期】500 ℃·d。

89. 溴氰菊酯的制剂形式、应用、用法用量、注意事项及休药期？

【制剂】溴氰菊酯溶液（水产用）。

【应用】用于杀灭养殖青鱼、草鱼、鲢、鳙、鲫、鳊、黄颡鱼、黄鳝、鳜、鲮、鳗、鲇等鱼类寄生的中华鳋、锚头鳋、鲺、三代虫和指环虫等寄生虫。

【用法用量】鱼：泼洒，一次量（以溴氰菊酯计），每 1 m^3 水体，0.15～0.22 mg（使用前用水至少稀释 2 000 倍后泼洒）。

【注意事项】

(1) 缺氧水体禁用。

(2) 虾、蟹和鱼苗禁用。

(3) 本品使用前 24 h 和使用后 72 h，不得使用消毒剂。

(4) 严禁同其他药物合用。不可与碱性物质混用，以免降低药效。

(5) 本品对鱼的毒性较大，而且温度越低毒性越强，因此对冷水性鱼类的毒性比对温水性鱼类的毒性大。和其他拟除虫菊酯一样，其毒性也受水的 pH 和硬度的影响。

(6) 本品是中等毒性的拟除虫菊酯类杀虫剂，吸入有毒、误服可致死，使用本品应带防护手套，穿防护服。施药后要及时更衣，并用清水或肥皂水彻底冲洗皮肤。

(7) 本品急性中毒目前尚无特效解毒药，主要是彻底清除毒物和对症治疗，其措施为输液或服用安定剂、大量维生素和激素等，经口误服者需及时洗胃。

(8) 锌离子在酸性水质中对本品的急性毒性有增强的作用，且这种作用效果随着水温和锌离子质量浓度的上升而更为显著，因此，这类杀虫剂应避免与硫酸锌同时使用。

【休药期】500 ℃・d。

90. 氰戊菊酯的制剂形式、应用、用法用量、注意事项及休药期？

【制剂】氰戊菊酯溶液（水产用）。

【应用】用于杀灭养殖青鱼、草鱼、鲢、鳙、鲫、鳊、黄颡鱼、黄鳝、鳜、鲮、鳗、鲇等鱼类寄生的中华鳋、锚头鳋、鲺、三代虫和指环虫等寄生虫。

【用法用量】鱼：泼洒，一次量（以溴氰菊酯计），每 1 m^3 水体，水温 15～25 ℃时 1.5 mg，水温 25 ℃以上时 3.0 mg，每天 1 次，病情严重时，可连续使用 2 次（使用时用水至少稀释 2 000 倍后泼洒）。

【注意事项】同溴氰菊酯。

【休药期】500 ℃・d。

91. 高效氯氰菊酯的制剂形式、应用、规格、用法用量、注意事项及休药期？

【制剂】高效氯氰菊酯溶液（水产用）。

【应用】用于杀灭养殖青鱼、草鱼、鲢、鳙、鲫、鳊、黄颡鱼、黄鳝、鳜、鲮、鳗、鲇等鱼类寄生的中华鳋、锚头鳋、鲺、三代虫和指环虫等寄生虫。

杀死甲壳类的浓度对鱼类是安全的。氯氰菊酯在鱼体内被代谢和排泄的速度比在哺乳动物和鸟类体内要慢得多，因此氯氰菊酯对鱼类毒性较高。

此外，氯氰菊酯对鱼类的毒性随温度的升高而下降。

【规格】4.5％。

【用法用量】鱼类：泼洒，一次量（以本品计），每 1 m^3 水体，0.02～0.03 ml（使用前用水至少稀释 2 000 倍后泼洒）。

【注意事项】水温较低时，按低剂量使用。其他同溴氰菊酯。

【休药期】500 ℃·d。

第三节　环境改良及消毒类药物

92. 环境改良剂的作用是什么？

环境改良剂具有调节 pH、吸附重金属离子、调节水体氨氮含量、提高溶氧等作用，包括底质改良剂、水质改良剂等（彩图 11）。

93. 水产消毒类药物有哪些种类？

水产消毒类药物，按其化学成分和作用机理可分为氧化剂、表面活性剂、卤素类、酸类、醛类、重金属盐类等，常见的有含氯石灰、高锰酸钾、氯化钠、苯扎溴铵、聚维酮碘等（彩图 12）。

94. 环境改良和消毒类水产药物作用机制是什么？

①杀灭水体中的病原体，如含氯石灰、三氯异氰尿酸粉等；②净化水质，防止底质酸化和水体富营养化；③降低硫化氢和氨氮的毒性；④补充氧气，增加鱼虾摄食力；⑤补充钙元素，促进鱼虾生长、增强其对疾病抵抗力；⑥抑制有害菌数量，减少疾病发生。

95. 含氯石灰（漂白粉）的制剂形式、应用、用法用量、注意事项及休药期？

【制剂】含氯石灰（bleaching powder）。

【应用】清塘、消毒：可杀灭病毒、细菌、寄生虫等病原体；防治细菌性鱼病。

【用法与用量】

（1）清塘消毒　①带水清塘：泼洒，一次量（以本品计），每 1 m^3 水体，20 g。遍洒后，若搅拌池水，2～3 d 后再排干池水，日晒 10 d 左右，注入新水，效果更好。②干法清塘（留池水 5～

10 cm)：泼洒，一次量（以本品计），每 1 m^3 水体，10～20 g（每亩[①]6～15 kg)。清塘 4～5 d 药性消失后，方可注入新水，放养水产动物。

（2）治疗　泼洒，一次量（以含氯石灰计），每 1 m^3 水体，1.0～1.5 g，每天 1 次，连用 2 次。

（3）预防　泼洒，一次量（以含氯石灰计），每 1 m^3 水体，1.0 g，每 15 d1 次。

（4）鱼体消毒　浸浴，一次量（以本品计），每 1 m^3 水体，10～20 g，10～20 min（具体用量根据当时的水温高低和鱼虾活动情况灵活掌握）。

【注意事项】

（1）含氯石灰用量过高会使鳃组织受到破坏而阻碍呼吸，因此缺氧、浮头前后严禁使用。

（2）含氯石灰不可与酸、铵盐、生石灰等混用，不得使用金属容器盛装。

（3）使用时应正确计算用量，并现配现用。本品施药时间宜在阴天或傍晚。水质较瘦、透明度高于 30 cm 时，剂量减半。

（4）避免眼睛和皮肤接触本品。

（5）苗种慎用。

（6）含氯石灰的有效氯含量为 25%～32%，在保存过程中，有效氯每月损失 1%～3%，当有效氯低于 15%时会严重影响消毒效果。

（7）应密封储存于阴凉干燥处。

【休药期】500 ℃・d。

96. 高碘酸钠溶液的制剂形式、应用、规格、用法用量、注意事项及休药期？

【制剂】高碘酸钠溶液（sodium periodate solution)。

① 亩为我国非法定计量单位，1 亩=1/15 公顷。——编者注

【应用】养殖水体、养殖器具的消毒杀菌；防治鱼、虾、蟹等水产动物由弧菌、嗜水气单胞菌、爱德华菌等细菌引起的出血、烂鳃、腹水、肠炎、疖疮、腐皮等细菌性疾病。

【规格】1%、5%和10%。

【用法用量】

（1）治疗　泼洒，一次量（以高碘酸钠计），每 1 m^3 水体，15～20 mg，每 2～3 d1 次，连用 2～3 次。

（2）预防　泼洒，一次量（以高碘酸钠计），每 1 m^3 水体，15～20 mg，每 15 d1 次。

【注意事项】

（1）使用本品需先用水稀释 300～500 倍后，再全池均匀泼洒。

（2）软体动物、蛙及冷水性鱼类等慎用。

（3）本品勿用金属容器盛装，勿与强碱类物质及含汞类药物混用。

（4）本品对皮肤有刺激性。

（5）本品应在遮光、密闭、阴凉干燥处存放。

【休药期】500 ℃·d。

97. 聚维酮碘的制剂形式、应用、规格、用法用量、注意事项及休药期?

【制剂】聚维酮碘溶液（povidone iodine solution）。

【应用】养殖水体、养殖器具的消毒；防治由弧菌、嗜水气单胞菌、爱德华菌等引起的水产动物出血、烂鳃、疖疮等细菌性疾病。对池水消毒，可防治鱼类细菌性、真菌性、病毒性疾病（如草鱼出血病、虹鳟传染性胰腺坏死病、传染性造血组织坏死病等），鳖、虾、蛙病毒性和细菌性疾病。

【规格】1%、2%、5%、7.5%和10%。

【用法用量】

（1）治疗　泼洒，一次量（以有效碘计），每 1 m^3 水体，4.5～7.5 mg，每 2 d1 次，连用 2～3 次。

(2) 预防　泼洒，一次量（以有效碘计），每 1 m^3 水体，4.5～7.5 mg，每 7 d1 次。

【注意事项】

(1) 使用本品需先用水稀释 300～500 倍后，再全池均匀泼洒。

(2) 水体缺氧时禁用。

(3) 本品勿用金属容器盛装，勿与强碱类物质及金属物质混用。

(4) 冷水性鱼类慎用。

(5) 包装物用后集中销毁。

(6) 本品遮光、密封，在阴凉处保存。

【休药期】500 ℃・d。

98. 三氯异氰脲酸的制剂形式、应用、规格、用法用量、注意事项及休药期？

【制剂】三氯异氰脲酸粉（trichloroisocyanuras acid power）。

【应用】清塘消毒、防治多种水产动物的细菌性疾病。

【规格】30%、50%。

【用法用量】

(1) 治疗　泼洒，一次量（以有效氯计），每 1 m^3 水体，0.090～0.135 g，每天 1 次，连用 1～2 次。

(2) 预防　泼洒，一次量（以有效氯计），每 1 m^3 水体，0.090～0.135 g，每 10～15 d1 次。

(3) 带水清塘消毒　泼洒，一次量（以有效氯计），每 1 m^3 水体，10～15 g。清塘 10 d 后并试水毒性消失方可放鱼。

【注意事项】

(1) 使用本品需先用水稀释 1 000～3 000 倍后，再全池均匀泼洒。

(2) 缺氧、浮头前后严禁使用。

(3) 水质较瘦、透明度高于 30 cm 时，剂量酌减。

(4) 苗种剂量减半。

（5）无鳞鱼的溃烂、腐皮病慎用。

（6）不得使用金属器具盛装，宜现配现用。

【休药期】500 ℃·d。

99. 溴氯海因的制剂形式、应用、规格、用法用量、注意事项及休药期？

【制剂】溴氯海因粉（bromochlorodimethylhydantoin powder）。

【应用】养殖水体消毒，防治鱼、虾、蟹、鳖、贝、蛙等水产动物由弧菌、嗜水气单胞菌、爱德华菌等引起的出血、烂鳃、腐皮、肠炎等疾病。

【规格】8%、24%、30%、40%和50%。

【用法用量】

（1）治疗　泼洒，一次量（以溴氯海因计），每1 m^3 水体，30～40 mg，每天1次，病情严重时连用2次。

（2）预防　泼洒，一次量（以溴氯海因计），每1 m^3 水体，30～40 mg，每15 d1次。

【注意事项】

（1）使用本品需先用水稀释1 000倍后，再全池均匀泼洒。

（2）缺氧水体禁用。

（3）水质较清，透明度高于30 cm时，剂量酌减。

（4）苗种剂量减半。

（5）勿用金属容器盛装。

【休药期】500 ℃·d。

100. 复合碘的制剂形式、应用、规格、用法用量、注意事项及休药期？

【制剂】复合碘溶液（complex iodine solution）。

【应用】防治水产动物细菌性和病毒性疾病，如淡水鱼细菌性败血病、细菌性肠炎病；虾类白斑病、红体病；蟹类细菌性肠炎病、烂肢病、水肿病、肝坏死病；鳗鲡赤鳍病。

【规格】活性碘 1.8%～2.0%、磷酸 16.0%～18.0%；活性碘 3.8%～4.0%、磷酸 32.0%～36.0%。

【用法用量】

（1）治疗　泼洒，一次量（以有效碘计），每 1 m^3 水体，2.25～3.75 mg，每天 1～2 次，连用 2～3 d。

（2）预防　泼洒，一次量（以有效碘计），每 1 m^3 水体，2.25～3.75 mg，每 15 d1 次。

【注意事项】

（1）使用本品需先用水（水温需在 30 ℃以下）稀释 3 000～5 000倍后，再全池均匀泼洒。

（2）水体缺氧时禁用。

（3）本品勿用金属容器盛装，勿与强碱类物质及重金属物质混用。

（4）包装物应集中销毁。

（5）遮光，密闭，阴凉干燥处存放。

【休药期】500 ℃ • d。

101. 次氯酸钠的制剂形式、应用、用法用量、注意事项及休药期？

【制剂】次氯酸钠溶液（sodium hypochlorite solution）。

【应用】养殖水体、养殖器皿的消毒杀菌；防治鱼、虾、蟹等水生动物的出血、烂鳃、腹水、肠炎、疖疮、腐皮等细菌性疾病；珍珠蚌蚌瘟、蛙瘟病等。

【用法用量】

（1）治疗　泼洒，一次量（以有效氯计），每 1 m^3 水体，0.05～0.07 ml，每 2～3 d1 次，连用 2～3 次。

（2）预防　泼洒，一次量（以本品计），每 1 m^3 水体，1～1.5 ml，每 15 d1 次。

【注意事项】

（1）使用本品需先用水稀释 300～500 倍后，再全池均匀泼洒。

(2) 次氯酸钠受环境因素影响较大，因此使用时应特别注意环境条件，在水温偏高，pH 较低，施肥前使用效果更好。

(3) 养殖水体水深超过 2 m 时，按 2 m 水深计算用药。

(4) 本品有腐蚀性，勿用金属器具盛装；注意避免伤害皮肤。

(5) 包装物用后集中销毁。

(6) 本品不能与酸类同时使用，用量过高易杀死浮游植物。

(7) 遮光，密闭，阴凉干燥处存放。

【休药期】500 ℃ · d。

102. 蛋氨酸碘的制剂形式、应用、规格、用法用量、注意事项及休药期？

【制剂】蛋氨酸碘溶液（methionine iodine solution），蛋氨酸粉（methionine iodine powder）。

【应用】主要用于水体和对虾体表消毒，以及内服预防对虾白斑病。

【规格】蛋氨酸碘粉：100 g，500 g，1 000 g。

【用法用量】

(1) 水体消毒　蛋氨酸碘溶液泼洒，一次量（以有效氯计），每 1 m^3 水体，60～100 mg。

(2) 对虾　蛋氨酸碘粉拌饲投喂，每 1 kg 饲料，100～200 mg，每个疗程每天 1～2 次，连用 2～3 d。

【注意事项】

(1) 使用本品需先用水稀释 1 000 倍后，再全池均匀泼洒。

(2) 水体缺氧时禁用。

(3) 本品勿用金属容器盛装，勿与强碱类物质及重金属物质混用。

(4) 勿与维生素 C 类强还原剂同时使用。

(5) 包装物应集中销毁。

(6) 遮光，密闭，阴凉干燥处存放。

【休药期】500 ℃ · d。

103. 戊二醛的制剂形式、应用、规格、用法用量、注意事项及休药期？

【制剂】戊二醛溶液（glutaraldehyde solution）。

【应用】养殖水体、养殖器具的消毒杀菌；防治鱼、虾、蟹、鳖、蛙等出血、烂鳃、腹水、肠炎、腐皮等细菌性疾病；目前多与季铵盐溶液混合后进行消毒杀菌。

【规格】稀戊二醛溶液（5%、10%）和浓戊二醛溶液（20%）。

【用法用量】

（1）治疗　泼洒，一次量（以戊二醛计），每 1 m^3 水体，40 mg，每 2～3 d1 次，连用 2～3 次。

（2）预防　泼洒，一次量（以戊二醛计），每 1 m^3 水体，40 mg，每 15 d1 次。

【注意事项】

（1）使用本品需先用水稀释 300～500 倍后，再全池均匀泼洒。

（2）本品勿用金属容器盛装，勿与强碱类物质混用。

（3）水质较清的瘦水池塘慎用。

（4）使用后注意池塘增氧。

（5）避免接触皮肤和黏膜。

【休药期】500 ℃·d。

104. 氧化钙(生石灰)的制剂形式、应用、用法用量、注意事项？

【制剂】氧化钙（calcium oxide）。

【应用】主要用于杀灭水产养殖池水中的病原微生物，或调节养殖池水的水质、底质。

【用法用量】

（1）清塘　①干池清塘：将池水放干或留水深 5～10 cm，泼洒。清塘时在四周池底挖坑或用木桶等容器，将生石灰放入加水溶化，不等冷却立即均匀向四周全池泼洒，用耙耙动塘泥效果更好。

②带水清塘：泼洒，一次量（以氧化钙计），通常将生石灰放入木桶或水缸中溶化后立即全池泼洒，同时泼洒池边。7～8 d药效消失后方可放鱼。

（2）调节水质、控制病原微生物和水体消毒　泼洒，一次量（以氧化钙计），每1 m^3 水体，20 g，每2 d1次，连用2次。

【注意事项】

（1）泼洒生石灰时，应选用新鲜的块灰，这样的石灰质量好，氧化钙含量高。

（2）泼洒要及时，生石灰一旦用水溶解，形成石灰浆，就应立即使用，如化开时间过长，则消毒灭菌效果减弱。泼洒生石灰浆液时，应将渣子滤出，以免被鱼类误吞，同时要选择在晴天中午进行泼洒。

（3）使用生石灰的原理就是生成强碱消毒杀菌，所以盐碱地的养殖池塘以及池水 pH＞8 的养殖水体，慎用生石灰。

（4）生石灰与含氯石灰（及含氯制剂）合用会降低消毒效果，生石灰遇水生成强碱，而含氯石灰中含有弱酸性物质，两者同时使用，会减弱含氯石灰及含氯制剂和生石灰的使用效果，正确的使用方法，应在使用含氯石灰等含氯制剂 5 d 后再使用生石灰，效果较好。

105. 苯扎溴铵的制剂形式、应用、规格、用法用量、注意事项？

【制剂】苯扎溴铵溶液（benzalkonium bromide solution）。

【应用】养殖水体、养殖器具、网具的消毒灭菌；防治鱼、虾、蟹、鳖、蛙等细菌性疾病；杀灭虾、蟹固着类纤毛虫。

【规格】5%；10%；20%；45%。

【用法用量】

（1）治疗　泼洒，一次量（以有效成分计），每1 m^3 水体，0.10～0.15 g，每2～3 d1次，连用2～3次。

（2）预防　泼洒，一次量（以有效成分计），每1 m^3 水体，

0.10～0.15 g，每 15 d1 次。

【注意事项】

（1）使用本品需先用水稀释 300～500 倍后，再全池均匀泼洒。

（2）禁与阴离子表面活性剂、碘化物和过氧化物等混用。

（3）软体动物、鲑等冷水性鱼类慎用；水质较清的养殖水体慎用。

（4）使用后注意池塘增氧。

（5）勿用金属容器盛装。

（6）包装物使用后集中销毁。

106. 戊二醛、苯扎溴铵的制剂形式、应用、规格、用法用量、注意事项？

【制剂】戊二醛（glutaral）和苯扎溴铵溶液（benzalkonium bromide solution）。

【应用】用于养殖水体、养殖器具的消毒灭菌；防治鱼、虾、蟹、鳖、蛙等水产动物的出血、烂鳃、腹水、肠炎、疖疮、腐皮等细菌性疾病。

【规格】100 g：戊二醛 5 g、苯扎溴铵 5 g，100 g：戊二醛 10 g、苯扎溴铵 10 g。

【用法用量】

（1）泼洒　一次量（以本品计），每 1 m^3 水体，0.15 g（规格 100 g：戊二醛 5 g，苯扎溴铵 5 g），或 0.075 g（规格 100 g：戊二醛 10 g，苯扎溴铵 10 g）每 15 d1 次，连用 2 次

（2）药浴　一次量（以戊二醛计），每 1 m^3 水体，0.15 g，10 min。

【注意事项】

（1）勿与阴离子类活性剂及无机盐类消毒剂混用。

（2）对软体动物、鲑等冷水性鱼类慎用。

（3）包装物使用后集中销毁。

第四节　生殖及代谢调节药物

107. 水产养殖生产中常用调节水产动物代谢及生长的药物有哪些？

水产养殖生产中常用的调节水产动物代谢及生长的药物主要有催产激素、维生素和促生长剂等。

108. 水产养殖中常用催产激素有哪些？

水产养殖中常用的催产激素包括绒毛膜促性腺激素和促黄体生成素释放激素类似物等。

109. 绒毛膜促性腺激素的制剂形式、应用、用法用量、注意事项？

【制剂】绒毛膜促性腺激素（human chorionic gonadotropin，HCG）。

【应用】促发情、排卵。

【用法用量】注射，一次量（以本品计），每 1 kg 体重，500～1 000 IU。

【注意事项】

（1）密封冷暗处保存。

（2）具抗原性，仅限水产动物繁殖使用，食品动物禁用。

（3）可引起幼龄动物性早熟或性亢奋。

110. 促黄体生成素释放激素类似物的制剂形式、应用、用法用量、注意事项？

【制剂】促黄体生成素释放激素类似物（luteinizing hormone-releasing hormone analogue，LHRH-A）。

【应用】用于鱼类人工繁殖。

【用法用量】

（1）催产 ①草鱼：注射，一次量（以本品计），每 1 kg 体重，1～2μg；或一次量（以本品计），每 1 kg 体重，第一次 0.5μg，第二次 1～2μg（另加鱼垂体 1～3 mg），注射间隔 12～14 h（该方法对性腺成熟度较差的亲鱼，催产时间可缩短 10～20 d）。②鲢、鳙：注射，一次量（以本品计），每 1 kg 体重，第一次 0.2～0.4 μg，第二次 1～5 μg，间隔 10～12 h。

（2）催熟 催产前 10～25 d 注射，一次量（以本品计），每1 kg 体重，0.1～0.3 μg，雄鱼减半（使用时将本品溶于生理盐水中，缓慢滴入盛有等量清鱼肝油或茶油的研钵中，边滴边研磨混匀）。

【注意事项】仅限于鱼类人工繁殖时使用。

111. 维生素的特点有哪些？

①维生素不是构成机体组织和细胞的组成成分，也不会产生能量，它的作用主要是参与机体代谢的调节；②大多数的维生素，机体不能合成或合成量不足，不能满足机体的需要，必须通过食物获得；③许多维生素是酶的辅酶或者是辅酶的组成分子，因此维生素是维持和调节机体正常代谢的重要物质；④水生动物对维生素的需要量很小，日需要量常以毫克（mg）或微克（μg）计算，但一旦缺乏就会引发相应的维生素缺乏症，如代谢机能障碍、生长停顿、生产性能降低、繁殖力和抗病力下降等，严重的甚至可引起死亡。维生素类药物主要用于防治维生素缺乏症，临床上也可作为某些疾病的辅助治疗药物。

112. 维生素如何分类？

目前已知的维生素可分为脂溶性和水溶性两大类。水溶性维生素不需消化，直接从肠道吸收后，通过循环系统到机体需要的组织中，多余的部分大多由尿排出，在体内储存甚少。脂溶性维生素溶解于油脂，经胆汁乳化，由小肠吸收，经循环系统进入到体内各器官，可在体内大量储存。

113. 维生素C钠粉的制剂形式、应用、用法用量、注意事项?

【制剂】维生素C钠粉（vitaminum C sodium powder）。

【应用】可用于治疗坏血病，防治Pb、Hg、As中毒，增强机体的非特异免疫功能。

【用法用量】拌饲口服，一次量（以有效成分计），每1 kg体重，450 mg（按3%投饵量计，每千克饲料用本品15 g），每天2次。

【注意事项】

（1）水溶液不稳定，有强还原性，遇空气、碱、热变质失效。

（2）与维生素A、维生素D有拮抗作用。

（3）在干燥条件下保存。

114. 亚硫酸氢钠甲萘醌粉（维生素K_3）的制剂形式、应用、用法用量、注意事项?

【制剂】亚硫酸氢钠甲萘醌粉（menadione sodione bisulfite powder）。

【应用】促进凝血，强化肝脏解毒等。

【用法用量】饲料添加，一次量（以本品计），每千克饲料，2 g。

【注意事项】

（1）可致肝损害。

（2）见光、酸分解，在空气中会缓慢氧化。

115. 盐酸甜菜碱预混剂的制剂形式、应用、用法用量、注意事项?

【制剂】盐酸甜菜碱预混剂（betaine hydrochloride premix）。

【应用】刺激采食，促进生长。

【用法用量】拌饲投喂，一次量（以甜菜碱含量计）每1 kg体重，30～90 mg（按3%投饵量计，每千克饲料，1～3 g）。

【注意事项】避热、避光，在通风干燥处密封保存。

第五节 中 草 药

116. 常见中草药主要有效成分是什么？

常见中草药主要有效成分包括生物碱、黄酮类、多聚糖、苷、挥发油（精油）、鞣质。

117. 中草药具备哪些功效？

①提高动物产品产量；②防治传染性疾病；③治疗脾和胃肠病症；④治疗体表伤病（一般称为疮黄疔毒）。

118. 中药方剂的特点是什么？

组合效应是中药方剂的主要特色和优势所在。

119. 中草药增效作用机制是什么？

①相须，是指将两种性能相似的中草药相配合使用可以增强疗效；②相使，是指将性能功效有某些相同的中药配合使用时，一种药物起主要作用（即主药），另一种药物起辅助作用，而且辅药能提高主药的疗效。

120. 中草药减毒作用机制是什么？

①相畏，是指将几种中草药相配同用时，一种药物的毒理和不良反应，能被另一种药物减轻或抑制；②相杀，是指将几种中草药配伍使用时，一种药物能消除另一种药物的毒性和不良反应；③相反，则是指将两种中草药相配同用时，会产生毒性或不良反应；④相恶，就是指将某些中草药配伍同用时，药物间相互牵制而减弱或消除药效，或一种药物能削弱另一种药物的功效。

121. 中草药配伍禁忌是什么？

①增效、减毒，避免配伍禁忌。增效组方：选用相须、相使药

物配伍组方，可达到增效，此为最常用的组方原则；减毒组方：在用某些有一定毒性及不良反应的药物时，可以相畏、相杀药物配伍组方。②相反相成，阴阳配合。一些药性或功效相反或截然不同的中草药配伍后，某些药物功效反而会得到增强，这就叫做相反相成，或称阴阳配合。③主次药有机配合。治疗应分析和抓住病因和主症，按君（主）、臣（辅）、佐、使组方。

122. 中草药制剂制备方法是什么？

①散剂的制备方法：一般包括粉碎、过筛、混合、分剂量以及包装等程序。②颗粒剂的制备方法：一般包括中草药提取、浓缩干燥、制粒成型、干燥、整粒和包装等程序。

123. 抗微生物类中草药制剂有哪些？

抗微生物类中草药制剂主要包括地锦草末、大黄末（水产用）、虎黄合剂、根莲解毒散、五倍子末、清健散、穿梅三黄散、七味板蓝根散、青连白贯散、清热散（水产用）、双黄白头翁散、青板黄柏散、三黄散（水产用）、山青五黄散、双黄苦参散、苍术香连散（水产用）、加减消黄散（水产用）、大黄五倍子散、银翘板蓝根散、板蓝根末、蒲甘散、大黄芩蓝散、大黄芩鱼散、黄连解毒散（水产用）、地锦鹤草散、大黄解毒散、板蓝根大黄散、石知散、青莲散（水产用）、连翘解毒散等30种。

124. 驱杀寄生虫类的中草药制剂有哪些？

驱杀寄生虫类的中草药制剂主要包括川楝陈皮散、苦参末、雷丸槟榔散、百部贯众散、驱虫散（水产用）等5种。

125. 调节水生动物生理及其他功能的中草药制剂有哪些？

调节水生动物生理及其他功能的中草药制剂主要包括脱壳促长散、虾蟹脱壳促长散、利胃散、柴黄益肝散、扶正解毒散（水产用）、肝胆利康散、板黄散、六味黄龙散、龙胆泻肝散（水产用）等9种。

第六节　免疫用药物

126. 目前我国获得国家新兽药证书的水产疫苗有哪些?

目前，我国获得国家新兽药证书的水产疫苗有 5 种（均为一类新兽药证书），分别为草鱼出血病细胞灭活疫苗，嗜水气单胞菌败血症灭活疫苗，牙鲆鱼溶藻弧菌、鳗弧菌、迟缓爱德华菌病多联抗独特型抗体疫苗，草鱼出血病活疫苗和大菱鲆迟钝爱德华氏菌活疫苗。

附录 1　主要名词与术语

渔药（fisheries drugs）：指专用于渔业方面有助于水生动植物机体健康成长的药物。其范围限定于增养殖渔业，而不包括捕捞渔业和渔产品加工业方面所使用的物质。

制剂（preparation）：指某一药物制成的个别制品，通常是根据药典、药品标准、处方手册等所收载的比较普遍应用、并较稳定的处方制成的具有一定规格的药物制品。

剂型（formulation）：通常指药物根据预防和治疗的需要经过加工制成适合于使用、保存和运输的一种制品形式，或是指药物制剂的类别，例如片剂、散剂、注射剂等。

无作用剂量（no-observed-adversed-effect-level，NOAEL）：未观察到不良作用的剂量。指在一定染毒时期内对机体未产生可觉察的有害作用的最高剂量。

日许量（acceptable daily intake，ADI）：人体每日允许摄入量的简称，指人终生每日摄入某种药物或化学物质残留而不引起可觉察危害的最高量，计算公式为 ADI＝NOAEL（试验动物）/安全系数。

半数有效量（half effective dose，ED_{50}）：比最小有效量高，并对机体产生明显效应，但不引起毒性反应的量称为有效量，其中对 50％个体的有效量称为半数有效量。

对因治疗（etiological treatment）：又称治本，用药目的在于消除原发性致病因子，彻底治愈疾病，如用某些抗菌渔药治疗细菌所引起的感染等。

对症治疗（symptomatic treatment）：也叫治标，用药的目的在于缓解疾病的症状，尤其在病因未明或症状严重的情况下，为了减少水生动物死亡，对症治疗往往比对因治疗更为重要。在水生动物疾病防治上，通常采用对因、对症兼顾的综合治疗方法。

间接作用（indirect action）：也称继发性作用（secondary action），指渔药通过神经或体液的联系后才发生作用，如亚甲基蓝的解救氰化物、亚硝酸盐等的中毒作用以及缓和服用磺胺渔药等引起的高铁血红蛋白症的作用等。

协同（synergism）：又称增效，是指将两种或两种以上药物联合应用所显示的效应明显超过它们之和，可以表示为：A (1)＋B (2)＋…B (N) ⊆ N。

治疗指数（therapeutic index）：指半数致死量（LD_{50}）和半数有效量（ED_{50}）的比值（即 LD_{50}/ED_{50}）。

休药期（withdrawal time，WDT）：也称停药期，指从停止给药到允许动物宰杀或其产品上市的最短间隔时间。也可理解为从停止给药到保证所有食用组织中药物总残留浓度降至安全浓度以下所需的最少时间。

耐受性（tolerance）：连续用药后产生的渔药反应性降低，需要加大渔药剂量才能达到原来在较小剂量时即可获得的药理作用的现象，耐受性是反复用药，后天形成的，停药一段时间会消失。

耐药性（resistance）：微生物、寄生虫等病原生物多次或长期与渔药接触后，它们对渔药的敏感性会逐渐降低甚至消失，对渔药产生一种习惯性的耐受，致使渔药对它们不能产生抑制或杀灭耐作用的现象。它具有先天性，不会因停药而恢复对渔药的敏感性。

急性毒性试验（acute toxicity test）：指在一日内单次或者多

次对实验动物给予药物后，在 7 d 内，连续观察实验动物所产生的毒性反应及死亡情况的毒力学试验。

配伍禁忌（incompatibility）：指对存在拮抗作用或配伍后会产生更大毒性作用的渔药，不允许配伍使用的一种规则。

渔药残留（fisheries drug residue）：指水产品的任何食用部分中渔药的原型化合物或（和）其代谢产物，并包括与药物本体有关杂质在其组织、器官等蓄积、贮存或以其他方式保留的现象。

最高残留限量（maximum residue limits，MRLs）：指允许在食品中药物或其他化学物质残留的最高量，也称为允许残留量（tolerance level）。

痕量（trace amount）：在微量分析中，被测组分中含量小于 0.01%的量。

抗菌谱（antibacterial spectrum）：指抗菌药物抑制或杀灭病原微生物的范围。

抗菌活性（antibiotic activity）：指药物抑制或杀灭微生物的能力。

最小抑菌浓度（minimum inhibitory concentration，MIC）：指某种药物能够抑制细菌在培养基里生长的最低浓度。

最低杀菌浓度（minimal bactericidal concentration，MBC）：指能够杀灭培养基内细菌的最低浓度。

抗生素（antibiotics）：指由细菌、真菌、放线菌等微生物的代谢产物，能杀灭或抑制病原微生物。

交叉耐药（cross resistance）：耐药菌对一种抗生素耐药，同时也会对其他相同或不同种类的抗生素耐药。

维生素（vitaminum）：动物机体维持正常代谢和机能所必需的一类低分子有机化合物，大多数维生素是某些酶的辅酶（或辅基）的组成部分，在动物体内参与新陈代谢。与动物生长时构成身体物质和贮存物质的营养素不同，维生素在体内起着催化作用，它们促进主要营养素的合成与降解，从而控制机体代谢。如果缺乏会造成动物生长障碍，影响生长，产生各种缺乏症，甚至引起动物死亡。

氨基酸（amino acid）：组成蛋白质的最基本的结构单位。按动物的营养需求，氨基酸通常分为必需氨基酸（essential amino acid）和非必需氨基酸（nonessential amino acid）两大类。

微生态制剂（probiotics）：指采用已知的有益微生物，经培养、复壮、发酵、包埋、干燥等特殊工艺制成的对人和动物有益的生物制剂或活菌制剂，有的还含有它们的代谢产物或（和）添加有益菌的生长促进因子，具有维持宿主的微生态平衡，调整其微生态失调和提高健康水平的功能。

微囊剂（microcapsule）：利用天然的或合成的高分子材料将固体或液体药物包裹而成的微型胶囊。

附录 2 《中华人民共和国动物防疫法》

第一章　总　　则

第一条　为了加强对动物防疫活动的管理，预防、控制和扑灭动物疫病，促进养殖业发展，保护人体健康，维护公共卫生安全，制定本法。

第二条　本法适用于在中华人民共和国领域内的动物防疫及其监督管理活动。

进出境动物、动物产品的检疫，适用《中华人民共和国进出境动植物检疫法》。

第三条　本法所称动物，是指家畜家禽和人工饲养、合法捕获的其他动物。

本法所称动物产品，是指动物的肉、生皮、原毛、绒、脏器、脂、血液、精液、卵、胚胎、骨、蹄、头、角、筋以及可能传播动物疫病的奶、蛋等。

本法所称动物疫病，是指动物传染病、寄生虫病。

本法所称动物防疫，是指动物疫病的预防、控制、扑灭和动物、动物产品的检疫。

第四条　根据动物疫病对养殖业生产和人体健康的危害程度，本法规定管理的动物疫病分为下列三类：

（一）一类疫病，是指对人与动物危害严重，需要采取紧急、严厉的强制预防、控制、扑灭等措施的；

（二）二类疫病，是指可能造成重大经济损失，需要采取严格控制、扑灭等措施，防止扩散的；

（三）三类疫病，是指常见多发、可能造成重大经济损失，需要控制和净化的。

前款一、二、三类动物疫病具体病种名录由国务院兽医主管部门制定并公布。

第五条　国家对动物疫病实行预防为主的方针。

第六条　县级以上人民政府应当加强对动物防疫工作的统一领导，加强基层动物防疫队伍建设，建立健全动物防疫体系，制定并组织实施动物疫病防治规划。

乡级人民政府、城市街道办事处应当组织群众协助做好本管辖区域内的动物疫病预防与控制工作。

第七条　国务院兽医主管部门主管全国的动物防疫工作。

县级以上地方人民政府兽医主管部门主管本行政区域内的动物防疫工作。

县级以上人民政府其他部门在各自的职责范围内做好动物防疫工作。

军队和武装警察部队动物卫生监督职能部门分别负责军队和武装警察部队现役动物及饲养自用动物的防疫工作。

第八条　县级以上地方人民政府设立的动物卫生监督机构依照本法规定，负责动物、动物产品的检疫工作和其他有关动物防疫的监督管理执法工作。

第九条　县级以上人民政府按照国务院的规定，根据统筹规划、合理布局、综合设置的原则建立动物疫病预防控制机构，承担动物疫病的监测、检测、诊断、流行病学调查、疫情报告以及其他预防、控制等技术工作。

第十条　国家支持和鼓励开展动物疫病的科学研究以及国际合作与交流，推广先进适用的科学研究成果，普及动物防疫科学知识，提高动物疫病防治的科学技术水平。

第十一条　对在动物防疫工作、动物防疫科学研究中做出成绩和贡献的单位和个人，各级人民政府及有关部门给予奖励。

第二章　动物疫病的预防

第十二条　国务院兽医主管部门对动物疫病状况进行风险评估，根据评估结果制定相应的动物疫病预防、控制措施。

国务院兽医主管部门根据国内外动物疫情和保护养殖业生产及人体健康的需要，及时制定并公布动物疫病预防、控制技术规范。

第十三条 国家对严重危害养殖业生产和人体健康的动物疫病实施强制免疫。国务院兽医主管部门确定强制免疫的动物疫病病种和区域，并会同国务院有关部门制定国家动物疫病强制免疫计划。

省、自治区、直辖市人民政府兽医主管部门根据国家动物疫病强制免疫计划，制订本行政区域的强制免疫计划；并可以根据本行政区域内动物疫病流行情况增加实施强制免疫的动物疫病病种和区域，报本级人民政府批准后执行，并报国务院兽医主管部门备案。

第十四条 县级以上地方人民政府兽医主管部门组织实施动物疫病强制免疫计划。乡级人民政府、城市街道办事处应当组织本管辖区域内饲养动物的单位和个人做好强制免疫工作。

饲养动物的单位和个人应当依法履行动物疫病强制免疫义务，按照兽医主管部门的要求做好强制免疫工作。

经强制免疫的动物，应当按照国务院兽医主管部门的规定建立免疫档案，加施畜禽标识，实施可追溯管理。

第十五条 县级以上人民政府应当建立健全动物疫情监测网络，加强动物疫情监测。

国务院兽医主管部门应当制定国家动物疫病监测计划。省、自治区、直辖市人民政府兽医主管部门应当根据国家动物疫病监测计划，制定本行政区域的动物疫病监测计划。

动物疫病预防控制机构应当按照国务院兽医主管部门的规定，对动物疫病的发生、流行等情况进行监测；从事动物饲养、屠宰、经营、隔离、运输以及动物产品生产、经营、加工、贮藏等活动的单位和个人不得拒绝或者阻碍。

第十六条 国务院兽医主管部门和省、自治区、直辖市人民政府兽医主管部门应当根据对动物疫病发生、流行趋势的预测，及时发出动物疫情预警。地方各级人民政府接到动物疫情预警后，应当采取相应的预防、控制措施。

第十七条　从事动物饲养、屠宰、经营、隔离、运输以及动物产品生产、经营、加工、贮藏等活动的单位和个人，应当依照本法和国务院兽医主管部门的规定，做好免疫、消毒等动物疫病预防工作。

第十八条　种用、乳用动物和宠物应当符合国务院兽医主管部门规定的健康标准。

种用、乳用动物应当接受动物疫病预防控制机构的定期检测；检测不合格的，应当按照国务院兽医主管部门的规定予以处理。

第十九条　动物饲养场（养殖小区）和隔离场所，动物屠宰加工场所，以及动物和动物产品无害化处理场所，应当符合下列动物防疫条件：

（一）场所的位置与居民生活区、生活饮用水源地、学校、医院等公共场所的距离符合国务院兽医主管部门规定的标准；

（二）生产区封闭隔离，工程设计和工艺流程符合动物防疫要求；

（三）有相应的污水、污物、病死动物、染疫动物产品的无害化处理设施设备和清洗消毒设施设备；

（四）有为其服务的动物防疫技术人员；

（五）有完善的动物防疫制度；

（六）具备国务院兽医主管部门规定的其他动物防疫条件。

第二十条　兴办动物饲养场（养殖小区）和隔离场所，动物屠宰加工场所，以及动物和动物产品无害化处理场所，应当向县级以上地方人民政府兽医主管部门提出申请，并附具相关材料。受理申请的兽医主管部门应当依照本法和《中华人民共和国行政许可法》的规定进行审查。经审查合格的，发给动物防疫条件合格证；不合格的，应当通知申请人并说明理由。需要办理工商登记的，申请人凭动物防疫条件合格证向工商行政管理部门申请办理登记注册手续。

动物防疫条件合格证应当载明申请人的名称、场（厂）址等事项。

经营动物、动物产品的集贸市场应当具备国务院兽医主管部门规定的动物防疫条件，并接受动物卫生监督机构的监督检查。

第二十一条 动物、动物产品的运载工具、垫料、包装物、容器等应当符合国务院兽医主管部门规定的动物防疫要求。

染疫动物及其排泄物、染疫动物产品，病死或者死因不明的动物尸体，运载工具中的动物排泄物以及垫料、包装物、容器等污染物，应当按照国务院兽医主管部门的规定处理，不得随意处置。

第二十二条 采集、保存、运输动物病料或者病原微生物以及从事病原微生物研究、教学、检测、诊断等活动，应当遵守国家有关病原微生物实验室管理的规定。

第二十三条 患有人畜共患传染病的人员不得直接从事动物诊疗以及易感染动物的饲养、屠宰、经营、隔离、运输等活动。

人畜共患传染病名录由国务院兽医主管部门会同国务院卫生主管部门制定并公布。

第二十四条 国家对动物疫病实行区域化管理，逐步建立无规定动物疫病区。无规定动物疫病区应当符合国务院兽医主管部门规定的标准，经国务院兽医主管部门验收合格予以公布。

本法所称无规定动物疫病区，是指具有天然屏障或者采取人工措施，在一定期限内没有发生规定的一种或者几种动物疫病，并经验收合格的区域。

第二十五条 禁止屠宰、经营、运输下列动物和生产、经营、加工、贮藏、运输下列动物产品：

（一）封锁疫区内与所发生动物疫病有关的；

（二）疫区内易感染的；

（三）依法应当检疫而未经检疫或者检疫不合格的；

（四）染疫或者疑似染疫的；

（五）病死或者死因不明的；

（六）其他不符合国务院兽医主管部门有关动物防疫规定的。

第三章　动物疫情的报告、通报和公布

第二十六条　从事动物疫情监测、检验检疫、疫病研究与诊疗以及动物饲养、屠宰、经营、隔离、运输等活动的单位和个人，发现动物染疫或者疑似染疫的，应当立即向当地兽医主管部门、动物卫生监督机构或者动物疫病预防控制机构报告，并采取隔离等控制措施，防止动物疫情扩散。其他单位和个人发现动物染疫或者疑似染疫的，应当及时报告。

接到动物疫情报告的单位，应当及时采取必要的控制处理措施，并按照国家规定的程序上报。

第二十七条　动物疫情由县级以上人民政府兽医主管部门认定；其中重大动物疫情由省、自治区、直辖市人民政府兽医主管部门认定，必要时报国务院兽医主管部门认定。

第二十八条　国务院兽医主管部门应当及时向国务院有关部门和军队有关部门以及省、自治区、直辖市人民政府兽医主管部门通报重大动物疫情的发生和处理情况；发生人畜共患传染病的，县级以上人民政府兽医主管部门与同级卫生主管部门应当及时相互通报。

国务院兽医主管部门应当依照我国缔结或者参加的条约、协定，及时向有关国际组织或者贸易方通报重大动物疫情的发生和处理情况。

第二十九条　国务院兽医主管部门负责向社会及时公布全国动物疫情，也可以根据需要授权省、自治区、直辖市人民政府兽医主管部门公布本行政区域内的动物疫情。其他单位和个人不得发布动物疫情。

第三十条　任何单位和个人不得瞒报、谎报、迟报、漏报动物疫情，不得授意他人瞒报、谎报、迟报动物疫情，不得阻碍他人报告动物疫情。

第四章　动物疫病的控制和扑灭

第三十一条　发生一类动物疫病时，应当采取下列控制和扑灭

措施：

（一）当地县级以上地方人民政府兽医主管部门应当立即派人到现场，划定疫点、疫区、受威胁区，调查疫源，及时报请本级人民政府对疫区实行封锁。疫区范围涉及两个以上行政区域的，由有关行政区域共同的上一级人民政府对疫区实行封锁，或者由各有关行政区域的上一级人民政府共同对疫区实行封锁。必要时，上级人民政府可以责成下级人民政府对疫区实行封锁。

（二）县级以上地方人民政府应当立即组织有关部门和单位采取封锁、隔离、扑杀、销毁、消毒、无害化处理、紧急免疫接种等强制性措施，迅速扑灭疫病。

（三）在封锁期间，禁止染疫、疑似染疫和易感染的动物、动物产品流出疫区，禁止非疫区的易感染动物进入疫区，并根据扑灭动物疫病的需要对出入疫区的人员、运输工具及有关物品采取消毒和其他限制性措施。

第三十二条 发生二类动物疫病时，应当采取下列控制和扑灭措施：

（一）当地县级以上地方人民政府兽医主管部门应当划定疫点、疫区、受威胁区。

（二）县级以上地方人民政府根据需要组织有关部门和单位采取隔离、扑杀、销毁、消毒、无害化处理、紧急免疫接种、限制易感染的动物和动物产品及有关物品出入等控制、扑灭措施。

第三十三条 疫点、疫区、受威胁区的撤销和疫区封锁的解除，按照国务院兽医主管部门规定的标准和程序评估后，由原决定机关决定并宣布。

第三十四条 发生三类动物疫病时，当地县级、乡级人民政府应当按照国务院兽医主管部门的规定组织防治和净化。

第三十五条 二、三类动物疫病呈暴发性流行时，按照一类动物疫病处理。

第三十六条 为控制、扑灭动物疫病，动物卫生监督机构应当派人在当地依法设立的现有检查站执行监督检查任务；必要时，经省、自治区、直辖市人民政府批准，可以设立临时性的动物卫生监督检查站，执行监督检查任务。

第三十七条　发生人畜共患传染病时，卫生主管部门应当组织对疫区易感染的人群进行监测，并采取相应的预防、控制措施。

第三十八条　疫区内有关单位和个人，应当遵守县级以上人民政府及其兽医主管部门依法作出的有关控制、扑灭动物疫病的规定。

任何单位和个人不得藏匿、转移、盗掘已被依法隔离、封存、处理的动物和动物产品。

第三十九条　发生动物疫情时，航空、铁路、公路、水路等运输部门应当优先组织运送控制、扑灭疫病的人员和有关物资。

第四十条　一、二、三类动物疫病突然发生，迅速传播，给养殖业生产安全造成严重威胁、危害，以及可能对公众身体健康与生命安全造成危害，构成重大动物疫情的，依照法律和国务院的规定采取应急处理措施。

第五章　动物和动物产品的检疫

第四十一条　动物卫生监督机构依照本法和国务院兽医主管部门的规定对动物、动物产品实施检疫。

动物卫生监督机构的官方兽医具体实施动物、动物产品检疫。官方兽医应当具备规定的资格条件，取得国务院兽医主管部门颁发的资格证书，具体办法由国务院兽医主管部门会同国务院人事行政部门制定。

本法所称官方兽医，是指具备规定的资格条件并经兽医主管部门任命的，负责出具检疫等证明的国家兽医工作人员。

第四十二条　屠宰、出售或者运输动物以及出售或者运输动物产品前，货主应当按照国务院兽医主管部门的规定向当地动物卫生监督机构申报检疫。

动物卫生监督机构接到检疫申报后，应当及时指派官方兽医对动物、动物产品实施现场检疫；检疫合格的，出具检疫证明、加施检疫标志。实施现场检疫的官方兽医应当在检疫证明、检疫标志上签字或者盖章，并对检疫结论负责。

第四十三条 屠宰、经营、运输以及参加展览、演出和比赛的动物，应当附有检疫证明；经营和运输的动物产品，应当附有检疫证明、检疫标志。

对前款规定的动物、动物产品，动物卫生监督机构可以查验检疫证明、检疫标志，进行监督抽查，但不得重复检疫收费。

第四十四条 经铁路、公路、水路、航空运输动物和动物产品的，托运人托运时应当提供检疫证明；没有检疫证明的，承运人不得承运。

运载工具在装载前和卸载后应当及时清洗、消毒。

第四十五条 输入到无规定动物疫病区的动物、动物产品，货主应当按照国务院兽医主管部门的规定向无规定动物疫病区所在地动物卫生监督机构申报检疫，经检疫合格的，方可进入；检疫所需费用纳入无规定动物疫病区所在地地方人民政府财政预算。

第四十六条 跨省、自治区、直辖市引进乳用动物、种用动物及其精液、胚胎、种蛋的，应当向输入地省、自治区、直辖市动物卫生监督机构申请办理审批手续，并依照本法第四十二条的规定取得检疫证明。

跨省、自治区、直辖市引进的乳用动物、种用动物到达输入地后，货主应当按照国务院兽医主管部门的规定对引进的乳用动物、种用动物进行隔离观察。

第四十七条 人工捕获的可能传播动物疫病的野生动物，应当报经捕获地动物卫生监督机构检疫，经检疫合格的，方可饲养、经营和运输。

第四十八条 经检疫不合格的动物、动物产品，货主应当在动物卫生监督机构监督下按照国务院兽医主管部门的规定处理，处理费用由货主承担。

第四十九条 依法进行检疫需要收取费用的，其项目和标准由国务院财政部门、物价主管部门规定。

第六章　动物诊疗

第五十条　从事动物诊疗活动的机构，应当具备下列条件：

（一）有与动物诊疗活动相适应并符合动物防疫条件的场所；

（二）有与动物诊疗活动相适应的执业兽医；

（三）有与动物诊疗活动相适应的兽医器械和设备；

（四）有完善的管理制度。

第五十一条　设立从事动物诊疗活动的机构，应当向县级以上地方人民政府兽医主管部门申请动物诊疗许可证。受理申请的兽医主管部门应当依照本法和《中华人民共和国行政许可法》的规定进行审查。经审查合格的，发给动物诊疗许可证；不合格的，应当通知申请人并说明理由。申请人凭动物诊疗许可证向工商行政管理部门申请办理登记注册手续，取得营业执照后，方可从事动物诊疗活动。

第五十二条　动物诊疗许可证应当载明诊疗机构名称、诊疗活动范围、从业地点和法定代表人（负责人）等事项。

动物诊疗许可证载明事项变更的，应当申请变更或者换发动物诊疗许可证，并依法办理工商变更登记手续。

第五十三条　动物诊疗机构应当按照国务院兽医主管部门的规定，做好诊疗活动中的卫生安全防护、消毒、隔离和诊疗废弃物处置等工作。

第五十四条　国家实行执业兽医资格考试制度。具有兽医相关专业大学专科以上学历的，可以申请参加执业兽医资格考试；考试合格的，由国务院兽医主管部门颁发执业兽医资格证书；从事动物诊疗的，还应当向当地县级人民政府兽医主管部门申请注册。执业兽医资格考试和注册办法由国务院兽医主管部门商国务院人事行政部门制定。

本法所称执业兽医，是指从事动物诊疗和动物保健等经营活动的兽医。

第五十五条　经注册的执业兽医，方可从事动物诊疗、开具兽药处方等活动。但是，本法第五十七条对乡村兽医服务人员另有规定的，从其规定。

执业兽医、乡村兽医服务人员应当按照当地人民政府或者兽医主管部门的要求，参加预防、控制和扑灭动物疫病的活动。

第五十六条 从事动物诊疗活动，应当遵守有关动物诊疗的操作技术规范，使用符合国家规定的兽药和兽医器械。

第五十七条 乡村兽医服务人员可以在乡村从事动物诊疗服务活动，具体管理办法由国务院兽医主管部门制定。

第七章 监督管理

第五十八条 动物卫生监督机构依照本法规定，对动物饲养、屠宰、经营、隔离、运输以及动物产品生产、经营、加工、贮藏、运输等活动中的动物防疫实施监督管理。

第五十九条 动物卫生监督机构执行监督检查任务，可以采取下列措施，有关单位和个人不得拒绝或者阻碍：

（一）对动物、动物产品按照规定采样、留验、抽检；

（二）对染疫或者疑似染疫的动物、动物产品及相关物品进行隔离、查封、扣押和处理；

（三）对依法应当检疫而未经检疫的动物实施补检；

（四）对依法应当检疫而未经检疫的动物产品，具备补检条件的实施补检，不具备补检条件的予以没收销毁；

（五）查验检疫证明、检疫标志和畜禽标识；

（六）进入有关场所调查取证，查阅、复制与动物防疫有关的资料。

动物卫生监督机构根据动物疫病预防、控制需要，经当地县级以上地方人民政府批准，可以在车站、港口、机场等相关场所派驻官方兽医。

第六十条 官方兽医执行动物防疫监督检查任务，应当出示行政执法证件，佩带统一标志。

动物卫生监督机构及其工作人员不得从事与动物防疫有关的经

营性活动，进行监督检查不得收取任何费用。

第六十一条 禁止转让、伪造或者变造检疫证明、检疫标志或者畜禽标识。

检疫证明、检疫标志的管理办法，由国务院兽医主管部门制定。

第八章 保障措施

第六十二条 县级以上人民政府应当将动物防疫纳入本级国民经济和社会发展规划及年度计划。

第六十三条 县级人民政府和乡级人民政府应当采取有效措施，加强村级防疫员队伍建设。

县级人民政府兽医主管部门可以根据动物防疫工作需要，向乡、镇或者特定区域派驻兽医机构。

第六十四条 县级以上人民政府按照本级政府职责，将动物疫病预防、控制、扑灭、检疫和监督管理所需经费纳入本级财政预算。

第六十五条 县级以上人民政府应当储备动物疫情应急处理工作所需的防疫物资。

第六十六条 对在动物疫病预防和控制、扑灭过程中强制扑杀的动物、销毁的动物产品和相关物品，县级以上人民政府应当给予补偿。具体补偿标准和办法由国务院财政部门会同有关部门制定。

因依法实施强制免疫造成动物应激死亡的，给予补偿。具体补偿标准和办法由国务院财政部门会同有关部门制定。

第六十七条 对从事动物疫病预防、检疫、监督检查、现场处理疫情以及在工作中接触动物疫病病原体的人员，有关单位应当按照国家规定采取有效的卫生防护措施和医疗保健措施。

第九章 法律责任

第六十八条 地方各级人民政府及其工作人员未依照本法规定

履行职责的，对直接负责的主管人员和其他直接责任人员依法给予处分。

第六十九条　县级以上人民政府兽医主管部门及其工作人员违反本法规定，有下列行为之一的，由本级人民政府责令改正，通报批评；对直接负责的主管人员和其他直接责任人员依法给予处分：

（一）未及时采取预防、控制、扑灭等措施的；

（二）对不符合条件的颁发动物防疫条件合格证、动物诊疗许可证，或者对符合条件的拒不颁发动物防疫条件合格证、动物诊疗许可证的；

（三）其他未依照本法规定履行职责的行为。

第七十条　动物卫生监督机构及其工作人员违反本法规定，有下列行为之一的，由本级人民政府或者兽医主管部门责令改正，通报批评；对直接负责的主管人员和其他直接责任人员依法给予处分：

（一）对未经现场检疫或者检疫不合格的动物、动物产品出具检疫证明、加施检疫标志，或者对检疫合格的动物、动物产品拒不出具检疫证明、加施检疫标志的；

（二）对附有检疫证明、检疫标志的动物、动物产品重复检疫的；

（三）从事与动物防疫有关的经营性活动，或者在国务院财政部门、物价主管部门规定外加收费用、重复收费的；

（四）其他未依照本法规定履行职责的行为。

第七十一条　动物疫病预防控制机构及其工作人员违反本法规定，有下列行为之一的，由本级人民政府或者兽医主管部门责令改正，通报批评；对直接负责的主管人员和其他直接责任人员依法给予处分：

（一）未履行动物疫病监测、检测职责或者伪造监测、检测结果的；

（二）发生动物疫情时未及时进行诊断、调查的；

（三）其他未依照本法规定履行职责的行为。

第七十二条　地方各级人民政府、有关部门及其工作人员瞒报、谎报、迟报、漏报或者授意他人瞒报、谎报、迟报动物疫情，或者阻碍他人报告动物疫情的，由上级人民政府或者有关部门责令改正，通报批评；对直接负责的主管人员和其他直接责任人员依法给予处分。

第七十三条　违反本法规定，有下列行为之一的，由动物卫生监督机构责令改正，给予警告；拒不改正的，由动物卫生监督机构代作处理，所需处理费用由违法行为人承担，可以处一千元以下罚款：

（一）对饲养的动物不按照动物疫病强制免疫计划进行免疫接种的；

（二）种用、乳用动物未经检测或者经检测不合格而不按照规定处理的；

（三）动物、动物产品的运载工具在装载前和卸载后没有及时清洗、消毒的。

第七十四条　违反本法规定，对经强制免疫的动物未按照国务院兽医主管部门规定建立免疫档案、加施畜禽标识的，依照《中华人民共和国畜牧法》的有关规定处罚。

第七十五条　违反本法规定，不按照国务院兽医主管部门规定处置染疫动物及其排泄物，染疫动物产品，病死或者死因不明的动物尸体，运载工具中的动物排泄物以及垫料、包装物、容器等污染物以及其他经检疫不合格的动物、动物产品的，由动物卫生监督机构责令无害化处理，所需处理费用由违法行为人承担，可以处三千元以下罚款。

第七十六条　违反本法第二十五条规定，屠宰、经营、运输动物或者生产、经营、加工、贮藏、运输动物产品的，由动物卫生监督机构责令改正、采取补救措施，没收违法所得和动物、动物产品，并处同类检疫合格动物、动物产品货值金额一倍以上五倍以下罚款；其中依法应当检疫而未检疫的，依照本法第七十八条的规定处罚。

第七十七条 违反本法规定，有下列行为之一的，由动物卫生监督机构责令改正，处一千元以上一万元以下罚款；情节严重的，处一万元以上十万元以下罚款：

（一）兴办动物饲养场（养殖小区）和隔离场所，动物屠宰加工场所，以及动物和动物产品无害化处理场所，未取得动物防疫条件合格证的；

（二）未办理审批手续，跨省、自治区、直辖市引进乳用动物、种用动物及其精液、胚胎、种蛋的；

（三）未经检疫，向无规定动物疫病区输入动物、动物产品的。

第七十八条 违反本法规定，屠宰、经营、运输的动物未附有检疫证明，经营和运输的动物产品未附有检疫证明、检疫标志的，由动物卫生监督机构责令改正，处同类检疫合格动物、动物产品货值金额百分之十以上百分之五十以下罚款；对货主以外的承运人处运输费用一倍以上三倍以下罚款。

违反本法规定，参加展览、演出和比赛的动物未附有检疫证明的，由动物卫生监督机构责令改正，处一千元以上三千元以下罚款。

第七十九条 违反本法规定，转让、伪造或者变造检疫证明、检疫标志或者畜禽标识的，由动物卫生监督机构没收违法所得，收缴检疫证明、检疫标志或者畜禽标识，并处三千元以上三万元以下罚款。

第八十条 违反本法规定，有下列行为之一的，由动物卫生监督机构责令改正，处一千元以上一万元以下罚款：

（一）不遵守县级以上人民政府及其兽医主管部门依法作出的有关控制、扑灭动物疫病规定的；

（二）藏匿、转移、盗掘已被依法隔离、封存、处理的动物和动物产品的；

（三）发布动物疫情的。

第八十一条 违反本法规定，未取得动物诊疗许可证从事动物诊疗活动的，由动物卫生监督机构责令停止诊疗活动，没收违法所得；违法所得在三万元以上的，并处违法所得一倍以上三倍以下罚款；没有违法所得或者违法所得不足三万元的，并处三千元以上三万元以下罚款。

动物诊疗机构违反本法规定，造成动物疫病扩散的，由动物卫生监督机构责令改正，处一万元以上五万元以下罚款；情节严重的，由发证机关吊销动物诊疗许可证。

第八十二条 违反本法规定，未经兽医执业注册从事动物诊疗活动的，由动物卫生监督机构责令停止动物诊疗活动，没收违法所得，并处一千元以上一万元以下罚款。

执业兽医有下列行为之一的，由动物卫生监督机构给予警告，责令暂停六个月以上一年以下动物诊疗活动；情节严重的，由发证机关吊销注册证书：

（一）违反有关动物诊疗的操作技术规范，造成或者可能造成动物疫病传播、流行的；

（二）使用不符合国家规定的兽药和兽医器械的；

（三）不按照当地人民政府或者兽医主管部门要求参加动物疫病预防、控制和扑灭活动的。

第八十三条 违反本法规定，从事动物疫病研究与诊疗和动物饲养、屠宰、经营、隔离、运输，以及动物产品生产、经营、加工、贮藏等活动的单位和个人，有下列行为之一的，由动物卫生监督机构责令改正；拒不改正的，对违法行为单位处一千元以上一万元以下罚款，对违法行为个人可以处五百元以下罚款：

（一）不履行动物疫情报告义务的；

（二）不如实提供与动物防疫活动有关资料的；

（三）拒绝动物卫生监督机构进行监督检查的；

（四）拒绝动物疫病预防控制机构进行动物疫病监测、检测的。

第八十四条 违反本法规定，构成犯罪的，依法追究刑事责任。

违反本法规定，导致动物疫病传播、流行等，给他人人身、财产造成损害的，依法承担民事责任。

第十章　附　则

第八十五条　本法自2008年1月1日起施行。

附录3 《中华人民共和国农产品质量安全法》

第一章 总 则

第一条 为保障农产品质量安全，维护公众健康，促进农业和农村经济发展，制定本法。

第二条 本法所称农产品，是指来源于农业的初级产品，即在农业活动中获得的植物、动物、微生物及其产品。

本法所称农产品质量安全，是指农产品质量符合保障人的健康、安全的要求。

第三条 县级以上人民政府农业行政主管部门负责农产品质量安全的监督管理工作；县级以上人民政府有关部门按照职责分工，负责农产品质量安全的有关工作。

第四条 县级以上人民政府应当将农产品质量安全管理工作纳入本级国民经济和社会发展规划，并安排农产品质量安全经费，用于开展农产品质量安全工作。

第五条 县级以上地方人民政府统一领导、协调本行政区域内的农产品质量安全工作，并采取措施，建立健全农产品质量安全服务体系，提高农产品质量安全水平。

第六条 国务院农业行政主管部门应当设立由有关方面专家组成的农产品质量安全风险评估专家委员会，对可能影响农产品质量安全的潜在危害进行风险分析和评估。

国务院农业行政主管部门应当根据农产品质量安全风险评估结果采取相应的管理措施，并将农产品质量安全风险评估结果及时通报国务院有关部门。

第七条 国务院农业行政主管部门和省、自治区、直辖市人民政府农业行政主管部门应当按照职责权限，发布有关农产品质量安全状况信息。

第八条　国家引导、推广农产品标准化生产，鼓励和支持生产优质农产品，禁止生产、销售不符合国家规定的农产品质量安全标准的农产品。

第九条　国家支持农产品质量安全科学技术研究，推行科学的质量安全管理方法，推广先进安全的生产技术。

第十条　各级人民政府及有关部门应当加强农产品质量安全知识的宣传，提高公众的农产品质量安全意识，引导农产品生产者、销售者加强质量安全管理，保障农产品消费安全。

第二章　农产品质量安全标准

第十一条　国家建立健全农产品质量安全标准体系。农产品质量安全标准是强制性的技术规范。

农产品质量安全标准的制定和发布，依照有关法律、行政法规的规定执行。

第十二条　制定农产品质量安全标准应当充分考虑农产品质量安全风险评估结果，并听取农产品生产者、销售者和消费者的意见，保障消费安全。

第十三条　农产品质量安全标准应当根据科学技术发展水平以及农产品质量安全的需要，及时修订。

第十四条　农产品质量安全标准由农业行政主管部门商有关部门组织实施。

第三章　农产品产地

第十五条　县级以上地方人民政府农业行政主管部门按照保障农产品质量安全的要求，根据农产品品种特性和生产区域大气、土壤、水体中有毒有害物质状况等因素，认为不适宜特定农产品生产的，提出禁止生产的区域，报本级人民政府批准后公布。具体办法由国务院农业行政主管部门商国务院环境保护行政主管部门制定。

农产品禁止生产区域的调整，依照前款规定的程序办理。

第十六条　县级以上人民政府应当采取措施，加强农产品基地建设，改善农产品的生产条件。

县级以上人民政府农业行政主管部门应当采取措施，推进保障农产品质量安全的标准化生产综合示范区、示范农场、养殖小区和无规定动植物疫病区的建设。

第十七条　禁止在有毒有害物质超过规定标准的区域生产、捕捞、采集食用农产品和建立农产品生产基地。

第十八条　禁止违反法律、法规的规定向农产品产地排放或者倾倒废水、废气、固体废物或者其他有毒有害物质。

农业生产用水和用作肥料的固体废物，应当符合国家规定的标准。

第十九条　农产品生产者应当合理使用化肥、农药、兽药、农用薄膜等化工产品，防止对农产品产地造成污染。

第四章　农产品生产

第二十条　国务院农业行政主管部门和省、自治区、直辖市人民政府农业行政主管部门应当制定保障农产品质量安全的生产技术要求和操作规程。县级以上人民政府农业行政主管部门应当加强对农产品生产的指导。

第二十一条　对可能影响农产品质量安全的农药、兽药、饲料和饲料添加剂、肥料、兽医器械，依照有关法律、行政法规的规定实行许可制度。

国务院农业行政主管部门和省、自治区、直辖市人民政府农业行政主管部门应当定期对可能危及农产品质量安全的农药、兽药、饲料和饲料添加剂、肥料等农业投入品进行监督抽查，并公布抽查结果。

第二十二条　县级以上人民政府农业行政主管部门应当加强对农业投入品使用的管理和指导，建立健全农业投入品的安全使用制度。

第二十三条　农业科研教育机构和农业技术推广机构应当加强对农产品生产者质量安全知识和技能的培训。

第二十四条　农产品生产企业和农民专业合作经济组织应当建立农产品生产记录，如实记载下列事项：

（一）使用农业投入品的名称、来源、用法、用量和使用、停用的日期；

（二）动物疫病、植物病虫草害的发生和防治情况；

（三）收获、屠宰或者捕捞的日期。

农产品生产记录应当保存二年。禁止伪造农产品生产记录。

国家鼓励其他农产品生产者建立农产品生产记录。

第二十五条　农产品生产者应当按照法律、行政法规和国务院农业行政主管部门的规定，合理使用农业投入品，严格执行农业投入品使用安全间隔期或者休药期的规定，防止危及农产品质量安全。

禁止在农产品生产过程中使用国家明令禁止使用的农业投入品。

第二十六条　农产品生产企业和农民专业合作经济组织，应当自行或者委托检测机构对农产品质量安全状况进行检测；经检测不符合农产品质量安全标准的农产品，不得销售。

第二十七条　农民专业合作经济组织和农产品行业协会对其成员应当及时提供生产技术服务，建立农产品质量安全管理制度，健全农产品质量安全控制体系，加强自律管理。

第五章　农产品包装和标识

第二十八条　农产品生产企业、农民专业合作经济组织以及从事农产品收购的单位或者个人销售的农产品，按照规定应当包装或者附加标识的，须经包装或者附加标识后方可销售。包装物或者标识上应当按照规定标明产品的品名、产地、生产者、生产日期、保质期、产品质量等级等内容；使用添加剂的，还应当按照规定标明添加剂的名称。具体办法由国务院农业行政主管部门制定。

第二十九条　农产品在包装、保鲜、贮存、运输中所使用的保鲜剂、防腐剂、添加剂等材料，应当符合国家有关强制性的技术规范。

第三十条　属于农业转基因生物的农产品，应当按照农业转基因生物安全管理的有关规定进行标识。

第三十一条　依法需要实施检疫的动植物及其产品，应当附具检疫合格标志、检疫合格证明。

第三十二条　销售的农产品必须符合农产品质量安全标准，生产者可以申请使用无公害农产品标志。农产品质量符合国家规定的有关优质农产品标准的，生产者可以申请使用相应的农产品质量标志。禁止冒用前款规定的农产品质量标志。

第六章　监督检查

第三十三条　有下列情形之一的农产品，不得销售：

（一）含有国家禁止使用的农药、兽药或者其他化学物质的；

（二）农药、兽药等化学物质残留或者含有的重金属等有毒有害物质不符合农产品质量安全标准的；

（三）含有的致病性寄生虫、微生物或者生物毒素不符合农产品质量安全标准的；

（四）使用的保鲜剂、防腐剂、添加剂等材料不符合国家有关强制性的技术规范的；

（五）其他不符合农产品质量安全标准的。

第三十四条　国家建立农产品质量安全监测制度。县级以上人民政府农业行政主管部门应当按照保障农产品质量安全的要求，制定并组织实施农产品质量安全监测计划，对生产中或者市场上销售的农产品进行监督抽查。监督抽查结果由国务院农业行政主管部门或者省、自治区、直辖市人民政府农业行政主管部门按照权限予以公布。

监督抽查检测应当委托符合本法第三十五条规定条件的农产品质量安全检测机构进行，不得向被抽查人收取费用，抽取的样品不得超过国务院农业行政主管部门规定的数量。上级农业行政主管部门监督抽查的农产品，下级农业行政主管部门不得另行重复抽查。

第三十五条 农产品质量安全检测应当充分利用现有的符合条件的检测机构。

从事农产品质量安全检测的机构，必须具备相应的检测条件和能力，由省级以上人民政府农业行政主管部门或者其授权的部门考核合格。具体办法由国务院农业行政主管部门制定。

农产品质量安全检测机构应当依法经计量认证合格。

第三十六条 农产品生产者、销售者对监督抽查检测结果有异议的，可以自收到检测结果之日起五日内，向组织实施农产品质量安全监督抽查的农业行政主管部门或者其上级农业行政主管部门申请复检。

采用国务院农业行政主管部门会同有关部门认定的快速检测方法进行农产品质量安全监督抽查检测，被抽查人对检测结果有异议的，可以自收到检测结果时起四小时内申请复检。复检不得采用快速检测方法。

因检测结果错误给当事人造成损害的，依法承担赔偿责任。

第三十七条 农产品批发市场应当设立或者委托农产品质量安全检测机构，对进场销售的农产品质量安全状况进行抽查检测；发现不符合农产品质量安全标准的，应当要求销售者立即停止销售，并向农业行政主管部门报告。

农产品销售企业对其销售的农产品，应当建立健全进货检查验收制度；经查验不符合农产品质量安全标准的，不得销售。

第三十八条 国家鼓励单位和个人对农产品质量安全进行社会监督。任何单位和个人都有权对违反本法的行为进行检举、揭发和控告。有关部门收到相关的检举、揭发和控告后，应当及时处理。

第三十九条 县级以上人民政府农业行政主管部门在农产品质量安全监督检查中，可以对生产、销售的农产品进行现场检查，调查了解农产品质量安全的有关情况，查阅、复制与农产品质量安全有关的记录和其他资料；对经检测不符合农产品质量安全标准的农产品，有权查封、扣押。

第四十条　发生农产品质量安全事故时，有关单位和个人应当采取控制措施，及时向所在地乡级人民政府和县级人民政府农业行政主管部门报告；收到报告的机关应当及时处理并报上一级人民政府和有关部门。发生重大农产品质量安全事故时，农业行政主管部门应当及时通报同级食品药品监督管理部门。

第四十一条　县级以上人民政府农业行政主管部门在农产品质量安全监督管理中，发现有本法第三十三条所列情形之一的农产品，应当按照农产品质量安全责任追究制度的要求，查明责任人，依法予以处理或者提出处理建议。

第四十二条　进口的农产品必须按照国家规定的农产品质量安全标准进行检验；尚未制定有关农产品质量安全标准的，应当依法及时制定，未制定之前，可以参照国家有关部门指定的国外有关标准进行检验。

第七章　法律责任

第四十三条　农产品质量安全监督管理人员不依法履行监督职责，或者滥用职权的，依法给予行政处分。

第四十四条　农产品质量安全检测机构伪造检测结果的，责令改正，没收违法所得，并处五万元以上十万元以下罚款，对直接负责的主管人员和其他直接责任人员处一万元以上五万元以下罚款；情节严重的，撤销其检测资格；造成损害的，依法承担赔偿责任。

农产品质量安全检测机构出具检测结果不实，造成损害的，依法承担赔偿责任；造成重大损害的，并撤销其检测资格。

第四十五条　违反法律、法规规定，向农产品产地排放或者倾倒废水、废气、固体废物或者其他有毒有害物质的，依照有关环境保护法律、法规的规定处罚；造成损害的，依法承担赔偿责任。

第四十六条　使用农业投入品违反法律、行政法规和国务院农业行政主管部门的规定的，依照有关法律、行政法规的规定处罚。

第四十七条　农产品生产企业、农民专业合作经济组织未建立或者未按照规定保存农产品生产记录的，或者伪造农产品生产记录的，责令限期改正；逾期不改正的，可以处二千元以下罚款。

第四十八条 违反本法第二十八条规定，销售的农产品未按照规定进行包装、标识的，责令限期改正；逾期不改正的，可以处二千元以下罚款。

第四十九条 有本法第三十三条第四项规定情形，使用的保鲜剂、防腐剂、添加剂等材料不符合国家有关强制性的技术规范的，责令停止销售，对被污染的农产品进行无害化处理，对不能进行无害化处理的予以监督销毁；没收违法所得，并处二千元以上二万元以下罚款。

第五十条 农产品生产企业、农民专业合作经济组织销售的农产品有本法第三十三条第一项至第三项或者第五项所列情形之一的，责令停止销售，追回已经销售的农产品，对违法销售的农产品进行无害化处理或者予以监督销毁；没收违法所得，并处二千元以上二万元以下罚款。

农产品销售企业销售的农产品有前款所列情形的，依照前款规定处理、处罚。

农产品批发市场中销售的农产品有第一款所列情形的，对违法销售的农产品依照第一款规定处理，对农产品销售者依照第一款规定处罚。

农产品批发市场违反本法第三十七条第一款规定的，责令改正，处二千元以上二万元以下罚款。

第五十一条 违反本法第三十二条规定，冒用农产品质量标志的，责令改正，没收违法所得，并处二千元以上二万元以下罚款。

第五十二条 本法第四十四条、第四十七条至第四十九条、第五十条第一款、第四款和第五十一条规定的处理、处罚，由县级以上人民政府农业行政主管部门决定；第五十条第二款、第三款规定的处理、处罚，由工商行政管理部门决定。

法律对行政处罚及处罚机关有其他规定的，从其规定。但是，对同一违法行为不得重复处罚。

第五十三条 违反本法规定，构成犯罪的，依法追究刑事责任。

第五十四条　生产、销售本法第三十三条所列农产品，给消费者造成损害的，依法承担赔偿责任。农产品批发市场中销售的农产品有前款规定情形的，消费者可以向农产品。

批发市场要求赔偿；属于生产者、销售者责任的，农产品批发市场有权追偿。消费者也可以直接向农产品生产者、销售者要求赔偿。

第八章　附　　则

第五十五条　生猪屠宰的管理按照国家有关规定执行。

第五十六条　本法自 2006 年 11 月 1 日起施行。

附录 4 《中华人民共和国食品安全法》

第一章　总　　则

第一条　为保证食品安全，保障公众身体健康和生命安全，制定本法。

第二条　在中华人民共和国境内从事下列活动，应当遵守本法：

（一）食品生产和加工（以下称食品生产），食品流通和餐饮服务（以下称食品经营）；

（二）食品添加剂的生产经营；

（三）用于食品的包装材料、容器、洗涤剂、消毒剂和用于食品生产经营的工具、设备（以下称食品相关产品）的生产经营；

（四）食品生产经营者使用食品添加剂、食品相关产品；

（五）对食品、食品添加剂和食品相关产品的安全管理。

供食用的源于农业的初级产品（以下称食用农产品）的质量安全管理，遵守农产品质量安全法的规定。但是，制定有关食用农产品的质量安全标准、公布食用农产品安全有关信息，应当遵守本法的有关规定。

第三条　食品生产经营者应当依照法律、法规和食品安全标准从事生产经营活动，对社会和公众负责，保证食品安全，接受社会监督，承担社会责任。

第四条　国务院设立食品安全委员会，其工作职责由国务院规定。

国务院卫生行政部门承担食品安全综合协调职责，负责食品安全风险评估、食品安全标准制定、食品安全信息公布、食品检验机构的资质认定条件和检验规范的制定，组织查处食品安全重大事故。

国务院质量监督、工商行政管理和国家食品药品监督管理部门依照本法和国务院规定的职责，分别对食品生产、食品流通、餐饮服务活动实施监督管理。

第五条　县级以上地方人民政府统一负责、领导、组织、协调本行政区域的食品安全监督管理工作，建立健全食品安全全程监督管理的工作机制；统一领导、指挥食品安全突发事件应对工作；完善、落实食品安全监督管理责任制，对食品安全监督管理部门进行评议、考核。

县级以上地方人民政府依照本法和国务院的规定确定本级卫生行政、农业行政、质量监督、工商行政管理、食品药品监督管理部门的食品安全监督管理职责。有关部门在各自职责范围内负责本行政区域的食品安全监督管理工作。

上级人民政府所属部门在下级行政区域设置的机构应当在所在地人民政府的统一组织、协调下，依法做好食品安全监督管理工作。

第六条　县级以上卫生行政、农业行政、质量监督、工商行政管理、食品药品监督管理部门应当加强沟通、密切配合，按照各自职责分工，依法行使职权，承担责任。

第七条　食品行业协会应当加强行业自律，引导食品生产经营者依法生产经营，推动行业诚信建设，宣传、普及食品安全知识。

第八条　国家鼓励社会团体、基层群众性自治组织开展食品安全法律、法规以及食品安全标准和知识的普及工作，倡导健康的饮食方式，增强消费者食品安全意识和自我保护能力。

新闻媒体应当开展食品安全法律、法规以及食品安全标准和知识的公益宣传，并对违反本法的行为进行舆论监督。

第九条　国家鼓励和支持开展与食品安全有关的基础研究和应用研究，鼓励和支持食品生产经营者为提高食品安全水平采用先进技术和先进管理规范。

第十条　任何组织或者个人有权举报食品生产经营中违反本法的行为，有权向有关部门了解食品安全信息，对食品安全监督管理工作提出意见和建议。

第二章 食品安全风险监测和评估

第十一条 国家建立食品安全风险监测制度，对食源性疾病、食品污染以及食品中的有害因素进行监测。

国务院卫生行政部门会同国务院有关部门制定、实施国家食品安全风险监测计划。省、自治区、直辖市人民政府卫生行政部门根据国家食品安全风险监测计划，结合本行政区域的具体情况，组织制定、实施本行政区域的食品安全风险监测方案。

第十二条 国务院农业行政、质量监督、工商行政管理和国家食品药品监督管理等有关部门获知有关食品安全风险信息后，应当立即向国务院卫生行政部门通报。国务院卫生行政部门会同有关部门对信息核实后，应当及时调整食品安全风险监测计划。

第十三条 国家建立食品安全风险评估制度，对食品、食品添加剂中生物性、化学性和物理性危害进行风险评估。

国务院卫生行政部门负责组织食品安全风险评估工作，成立由医学、农业、食品、营养等方面的专家组成的食品安全风险评估专家委员会进行食品安全风险评估。

对农药、肥料、生长调节剂、兽药、饲料和饲料添加剂等的安全性评估，应当有食品安全风险评估专家委员会的专家参加。

食品安全风险评估应当运用科学方法，根据食品安全风险监测信息、科学数据以及其他有关信息进行。

第十四条 国务院卫生行政部门通过食品安全风险监测或者接到举报发现食品可能存在安全隐患的，应当立即组织进行检验和食品安全风险评估。

第十五条 国务院农业行政、质量监督、工商行政管理和国家食品药品监督管理等有关部门应当向国务院卫生行政部门提出食品安全风险评估的建议，并提供有关信息和资料。

国务院卫生行政部门应当及时向国务院有关部门通报食品安全风险评估的结果。

第十六条　食品安全风险评估结果是制定、修订食品安全标准和对食品安全实施监督管理的科学依据。

食品安全风险评估结果得出食品不安全结论的，国务院质量监督、工商行政管理和国家食品药品监督管理部门应当依据各自职责立即采取相应措施，确保该食品停止生产经营，并告知消费者停止食用；需要制定、修订相关食品安全国家标准的，国务院卫生行政部门应当立即制定、修订。

第十七条　国务院卫生行政部门应当会同国务院有关部门，根据食品安全风险评估结果、食品安全监督管理信息，对食品安全状况进行综合分析。对经综合分析表明可能具有较高程度安全风险的食品，国务院卫生行政部门应当及时提出食品安全风险警示，并予以公布。

第三章　食品安全标准

第十八条　制定食品安全标准，应当以保障公众身体健康为宗旨，做到科学合理、安全可靠。

第十九条　食品安全标准是强制执行的标准。除食品安全标准外，不得制定其他的食品强制性标准。

第二十条　食品安全标准应当包括下列内容：

（一）食品、食品相关产品中的致病性微生物、农药残留、兽药残留、重金属、污染物质以及其他危害人体健康物质的限量规定；

（二）食品添加剂的品种、使用范围、用量；

（三）专供婴幼儿和其他特定人群的主辅食品的营养成分要求；

（四）对与食品安全、营养有关的标签、标识、说明书的要求；

（五）食品生产经营过程的卫生要求；

（六）与食品安全有关的质量要求；

（七）食品检验方法与规程；

（八）其他需要制定为食品安全标准的内容。

第二十一条　食品安全国家标准由国务院卫生行政部门负责制

定、公布，国务院标准化行政部门提供国家标准编号。

食品中农药残留、兽药残留的限量规定及其检验方法与规程由国务院卫生行政部门、国务院农业行政部门制定。

屠宰畜、禽的检验规程由国务院有关主管部门会同国务院卫生行政部门制定。

有关产品国家标准涉及食品安全国家标准规定内容的，应当与食品安全国家标准相一致。

第二十二条　国务院卫生行政部门应当对现行的食用农产品质量安全标准、食品卫生标准、食品质量标准和有关食品的行业标准中强制执行的标准予以整合，统一公布为食品安全国家标准。

本法规定的食品安全国家标准公布前，食品生产经营者应当按照现行食用农产品质量安全标准、食品卫生标准、食品质量标准和有关食品的行业标准生产经营食品。

第二十三条　食品安全国家标准应当经食品安全国家标准审评委员会审查通过。食品安全国家标准审评委员会由医学、农业、食品、营养等方面的专家以及国务院有关部门的代表组成。

制定食品安全国家标准，应当依据食品安全风险评估结果并充分考虑食用农产品质量安全风险评估结果，参照相关的国际标准和国际食品安全风险评估结果，并广泛听取食品生产经营者和消费者的意见。

第二十四条　没有食品安全国家标准的，可以制定食品安全地方标准。

省、自治区、直辖市人民政府卫生行政部门组织制定食品安全地方标准，应当参照执行本法有关食品安全国家标准制定的规定，并报国务院卫生行政部门备案。

第二十五条　企业生产的食品没有食品安全国家标准或者地方标准的，应当制定企业标准，作为组织生产的依据。国家鼓励食品生产企业制定严于食品安全国家标准或者地方标准的企业标准。企业标准应当报省级卫生行政部门备案，在本企业内部适用。

第二十六条　食品安全标准应当供公众免费查阅。

第四章　食品生产经营

第二十七条　食品生产经营应当符合食品安全标准，并符合下列要求：

（一）具有与生产经营的食品品种、数量相适应的食品原料处理和食品加工、包装、贮存等场所，保持该场所环境整洁，并与有毒、有害场所以及其他污染源保持规定的距离；

（二）具有与生产经营的食品品种、数量相适应的生产经营设备或者设施，有相应的消毒、更衣、盥洗、采光、照明、通风、防腐、防尘、防蝇、防鼠、防虫、洗涤以及处理废水、存放垃圾和废弃物的设备或者设施；

（三）有食品安全专业技术人员、管理人员和保证食品安全的规章制度；

（四）具有合理的设备布局和工艺流程，防止待加工食品与直接入口食品、原料与成品交叉污染，避免食品接触有毒物、不洁物；

（五）餐具、饮具和盛放直接入口食品的容器，使用前应当洗净、消毒，炊具、用具用后应当洗净，保持清洁；

（六）贮存、运输和装卸食品的容器、工具和设备应当安全、无害，保持清洁，防止食品污染，并符合保证食品安全所需的温度等特殊要求，不得将食品与有毒、有害物品一同运输；

（七）直接入口的食品应当有小包装或者使用无毒、清洁的包装材料、餐具；

（八）食品生产经营人员应当保持个人卫生，生产经营食品时，应当将手洗净，穿戴清洁的工作衣、帽；销售无包装的直接入口食品时，应当使用无毒、清洁的售货工具；

（九）用水应当符合国家规定的生活饮用水卫生标准；

（十）使用的洗涤剂、消毒剂应当对人体安全、无害；

（十一）法律、法规规定的其他要求。

第二十八条　禁止生产经营下列食品：

（一）用非食品原料生产的食品或者添加食品添加剂以外的化学物质和其他可能危害人体健康物质的食品，或者用回收食品作为原料生产的食品；

（二）致病性微生物、农药残留、兽药残留、重金属、污染物质以及其他危害人体健康的物质含量超过食品安全标准限量的食品；

（三）营养成分不符合食品安全标准的专供婴幼儿和其他特定人群的主辅食品；

（四）腐败变质、油脂酸败、霉变生虫、污秽不洁、混有异物、掺假掺杂或者感官性状异常的食品；

（五）病死、毒死或者死因不明的禽、畜、兽、水产动物肉类及其制品；

（六）未经动物卫生监督机构检疫或者检疫不合格的肉类，或者未经检验或者检验不合格的肉类制品；

（七）被包装材料、容器、运输工具等污染的食品；

（八）超过保质期的食品；

（九）无标签的预包装食品；

（十）国家为防病等特殊需要明令禁止生产经营的食品；

（十一）其他不符合食品安全标准或者要求的食品。

第二十九条 国家对食品生产经营实行许可制度。从事食品生产、食品流通、餐饮服务，应当依法取得食品生产许可、食品流通许可、餐饮服务许可。

取得食品生产许可的食品生产者在其生产场所销售其生产的食品，不需要取得食品流通的许可；取得餐饮服务许可的餐饮服务提供者在其餐饮服务场所出售其制作加工的食品，不需要取得食品生产和流通的许可；农民个人销售其自产的食用农产品，不需要取得食品流通的许可。

食品生产加工小作坊和食品摊贩从事食品生产经营活动，应当符合本法规定的与其生产经营规模、条件相适应的食品安全要求，保证所生产经营的食品卫生、无毒、无害，有关部门应当对其加强

监督管理，具体管理办法由省、自治区、直辖市人民代表大会常务委员会依照本法制定。

第三十条　县级以上地方人民政府鼓励食品生产加工小作坊改进生产条件；鼓励食品摊贩进入集中交易市场、店铺等固定场所经营。

第三十一条　县级以上质量监督、工商行政管理、食品药品监督管理部门应当依照行政许可法的规定，审核申请人提交的本法第二十七条第一项至第四项规定要求的相关资料，必要时对申请人的生产经营场所进行现场核查；对符合规定条件的，决定准予许可；对不符合规定条件的，决定不予许可并书面说明理由。

第三十二条　食品生产经营企业应当建立健全本单位的食品安全管理制度，加强对职工食品安全知识的培训，配备专职或者兼职食品安全管理人员，做好对所生产经营食品的检验工作，依法从事食品生产经营活动。

第三十三条　国家鼓励食品生产经营企业符合良好生产规范要求，实施危害分析与关键控制点体系，提高食品安全管理水平。

对通过良好生产规范、危害分析与关键控制点体系认证的食品生产经营企业，认证机构应当依法实施跟踪调查；对不再符合认证要求的企业，应当依法撤销认证，及时向有关质量监督、工商行政管理、食品药品监督管理部门通报，并向社会公布。认证机构实施跟踪调查不收取任何费用。

第三十四条　食品生产经营者应当建立并执行从业人员健康管理制度。患有痢疾、伤寒、病毒性肝炎等消化道传染病的人员，以及患有活动性肺结核、化脓性或者渗出性皮肤病等有碍食品安全的疾病的人员，不得从事接触直接入口食品的工作。

食品生产经营人员每年应当进行健康检查，取得健康证明后方可参加工作。

第三十五条　食用农产品生产者应当依照食品安全标准和国家有关规定使用农药、肥料、生长调节剂、兽药、饲料和饲料添加剂等农业投入品。食用农产品的生产企业和农民专业合作经济组织应当建立食用农产品生产记录制度。

县级以上农业行政部门应当加强对农业投入品使用的管理和指导，建立健全农业投入品的安全使用制度。

第三十六条 食品生产者采购食品原料、食品添加剂、食品相关产品，应当查验供货者的许可证和产品合格证明文件；对无法提供合格证明文件的食品原料，应当依照食品安全标准进行检验；不得采购或者使用不符合食品安全标准的食品原料、食品添加剂、食品相关产品。

食品生产企业应当建立食品原料、食品添加剂、食品相关产品进货查验记录制度，如实记录食品原料、食品添加剂、食品相关产品的名称、规格、数量、供货者名称及联系方式、进货日期等内容。

食品原料、食品添加剂、食品相关产品进货查验记录应当真实，保存期限不得少于二年。

第三十七条 食品生产企业应当建立食品出厂检验记录制度，查验出厂食品的检验合格证和安全状况，并如实记录食品的名称、规格、数量、生产日期、生产批号、检验合格证号、购货者名称及联系方式、销售日期等内容。

食品出厂检验记录应当真实，保存期限不得少于二年。

第三十八条 食品、食品添加剂和食品相关产品的生产者，应当依照食品安全标准对所生产的食品、食品添加剂和食品相关产品进行检验，检验合格后方可出厂或者销售。

第三十九条 食品经营者采购食品，应当查验供货者的许可证和食品合格的证明文件。

食品经营企业应当建立食品进货查验记录制度，如实记录食品的名称、规格、数量、生产批号、保质期、供货者名称及联系方式、进货日期等内容。

食品进货查验记录应当真实，保存期限不得少于二年。

实行统一配送经营方式的食品经营企业，可以由企业总部统一查验供货者的许可证和食品合格的证明文件，进行食品进货查验记录。

第四十条　食品经营者应当按照保证食品安全的要求贮存食品，定期检查库存食品，及时清理变质或者超过保质期的食品。

第四十一条　食品经营者贮存散装食品，应当在贮存位置标明食品的名称、生产日期、保质期、生产者名称及联系方式等内容。

食品经营者销售散装食品，应当在散装食品的容器、外包装上标明食品的名称、生产日期、保质期、生产经营者名称及联系方式等内容。

第四十二条　预包装食品的包装上应当有标签。标签应当标明下列事项：

（一）名称、规格、净含量、生产日期；

（二）成分或者配料表；

（三）生产者的名称、地址、联系方式；

（四）保质期；

（五）产品标准代号；

（六）贮存条件；

（七）所使用的食品添加剂在国家标准中的通用名称；

（八）生产许可证编号；

（九）法律、法规或者食品安全标准规定必须标明的其他事项。

专供婴幼儿和其他特定人群的主辅食品，其标签还应当标明主要营养成分及其含量。

第四十三条　国家对食品添加剂的生产实行许可制度。申请食品添加剂生产许可的条件、程序，按照国家有关工业产品生产许可证管理的规定执行。

第四十四条　申请利用新的食品原料从事食品生产或者从事食品添加剂新品种、食品相关产品新品种生产活动的单位或者个人，应当向国务院卫生行政部门提交相关产品的安全性评估材料。国务院卫生行政部门应当自收到申请之日起六十日内组织对相关产品的安全性评估材料进行审查；对符合食品安全要求的，依法决定准予许可并予以公布；对不符合食品安全要求的，决定不予许可并书面说明理由。

第四十五条　食品添加剂应当在技术上确有必要且经过风险评估证明安全可靠，方可列入允许使用的范围。国务院卫生行政部门应当根据技术必要性和食品安全风险评估结果，及时对食品添加剂的品种、使用范围、用量的标准进行修订。

第四十六条　食品生产者应当依照食品安全标准关于食品添加剂的品种、使用范围、用量的规定使用食品添加剂；不得在食品生产中使用食品添加剂以外的化学物质或者其他可能危害人体健康的物质。

第四十七条　食品添加剂应当有标签、说明书和包装。标签、说明书应当载明本法第四十二条第一款第一项至第六项、第八项、第九项规定的事项，以及食品添加剂的使用范围、用量、使用方法，并在标签上载明“食品添加剂”字样。

第四十八条　食品和食品添加剂的标签、说明书，不得含有虚假、夸大的内容，不得涉及疾病预防、治疗功能。生产者对标签、说明书上所载明的内容负责。

食品和食品添加剂的标签、说明书应当清楚、明显，容易辨识。

食品和食品添加剂与其标签、说明书所载明的内容不符的，不得上市销售。

第四十九条　食品经营者应当按照食品标签标示的警示标志、警示说明或者注意事项的要求，销售预包装食品。

第五十条　生产经营的食品中不得添加药品，但是可以添加按照传统既是食品又是中药材的物质。按照传统既是食品又是中药材的物质的目录由国务院卫生行政部门制定、公布。

第五十一条　国家对声称具有特定保健功能的食品实行严格监管。有关监督管理部门应当依法履职，承担责任。具体管理办法由国务院规定。

声称具有特定保健功能的食品不得对人体产生急性、亚急性或者慢性危害，其标签、说明书不得涉及疾病预防、治疗功能，内容必须真实，应当载明适宜人群、不适宜人群、功效成分或者标志性成分及其含量等；产品的功能和成分必须与标签、说明书相一致。

第五十二条　集中交易市场的开办者、柜台出租者和展销会举办者，应当审查入场食品经营者的许可证，明确入场食品经营者的食品安全管理责任，定期对入场食品经营者的经营环境和条件进行检查，发现食品经营者有违反本法规定的行为的，应当及时制止并立即报告所在地县级工商行政管理部门或者食品药品监督管理部门。

集中交易市场的开办者、柜台出租者和展销会举办者未履行前款规定义务，本市场发生食品安全事故的，应当承担连带责任。

第五十三条　国家建立食品召回制度。食品生产者发现其生产的食品不符合食品安全标准，应当立即停止生产，召回已经上市销售的食品，通知相关生产经营者和消费者，并记录召回和通知情况。

食品经营者发现其经营的食品不符合食品安全标准，应当立即停止经营，通知相关生产经营者和消费者，并记录停止经营和通知情况。食品生产者认为应当召回的，应当立即召回。

食品生产者应当对召回的食品采取补救、无害化处理、销毁等措施，并将食品召回和处理情况向县级以上质量监督部门报告。

食品生产经营者未依照本条规定召回或者停止经营不符合食品安全标准的食品的，县级以上质量监督、工商行政管理、食品药品监督管理部门可以责令其召回或者停止经营。

第五十四条　食品广告的内容应当真实合法，不得含有虚假、夸大的内容，不得涉及疾病预防、治疗功能。

食品安全监督管理部门或者承担食品检验职责的机构、食品行业协会、消费者协会不得以广告或者其他形式向消费者推荐食品。

第五十五条　社会团体或者其他组织、个人在虚假广告中向消费者推荐食品，使消费者的合法权益受到损害的，与食品生产经营者承担连带责任。

第五十六条　地方各级人民政府鼓励食品规模化生产和连锁经营、配送。

第五章　食品检验

第五十七条　食品检验机构按照国家有关认证认可的规定取得资质认定后，方可从事食品检验活动。但是，法律另有规定的除外。

食品检验机构的资质认定条件和检验规范，由国务院卫生行政部门规定。

本法施行前经国务院有关主管部门批准设立或者经依法认定的食品检验机构，可以依照本法继续从事食品检验活动。

第五十八条　食品检验由食品检验机构指定的检验人独立进行。

检验人应当依照有关法律、法规的规定，并依照食品安全标准和检验规范对食品进行检验，尊重科学，恪守职业道德，保证出具的检验数据和结论客观、公正，不得出具虚假的检验报告。

第五十九条　食品检验实行食品检验机构与检验人负责制。食品检验报告应当加盖食品检验机构公章，并有检验人的签名或者盖章。食品检验机构和检验人对出具的食品检验报告负责。

第六十条　食品安全监督管理部门对食品不得实施免检。

县级以上质量监督、工商行政管理、食品药品监督管理部门应当对食品进行定期或者不定期的抽样检验。进行抽样检验，应当购买抽取的样品，不收取检验费和其他任何费用。

县级以上质量监督、工商行政管理、食品药品监督管理部门在执法工作中需要对食品进行检验的，应当委托符合本法规定的食品检验机构进行，并支付相关费用。对检验结论有异议的，可以依法进行复检。

第六十一条　食品生产经营企业可以自行对所生产的食品进行检验，也可以委托符合本法规定的食品检验机构进行检验。

食品行业协会等组织、消费者需要委托食品检验机构对食品进行检验的，应当委托符合本法规定的食品检验机构进行。

第六章 食品进出口

第六十二条 进口的食品、食品添加剂以及食品相关产品应当符合我国食品安全国家标准。

进口的食品应当经出入境检验检疫机构检验合格后，海关凭出入境检验检疫机构签发的通关证明放行。

第六十三条 进口尚无食品安全国家标准的食品，或者首次进口食品添加剂新品种、食品相关产品新品种，进口商应当向国务院卫生行政部门提出申请并提交相关的安全性评估材料。国务院卫生行政部门依照本法第四十四条的规定作出是否准予许可的决定，并及时制定相应的食品安全国家标准。

第六十四条 境外发生的食品安全事件可能对我国境内造成影响，或者在进口食品中发现严重食品安全问题的，国家出入境检验检疫部门应当及时采取风险预警或者控制措施，并向国务院卫生行政、农业行政、工商行政管理和国家食品药品监督管理部门通报。接到通报的部门应当及时采取相应措施。

第六十五条 向我国境内出口食品的出口商或者代理商应当向国家出入境检验检疫部门备案。向我国境内出口食品的境外食品生产企业应当经国家出入境检验检疫部门注册。

国家出入境检验检疫部门应当定期公布已经备案的出口商、代理商和已经注册的境外食品生产企业名单。

第六十六条 进口的预包装食品应当有中文标签、中文说明书。标签、说明书应当符合本法以及我国其他有关法律、行政法规的规定和食品安全国家标准的要求，载明食品的原产地以及境内代理商的名称、地址、联系方式。预包装食品没有中文标签、中文说明书或者标签、说明书不符合本条规定的，不得进口。

第六十七条 进口商应当建立食品进口和销售记录制度，如实记录食品的名称、规格、数量、生产日期、生产或者进口批号、保质期、出口商和购货者名称及联系方式、交货日期等内容。

食品进口和销售记录应当真实，保存期限不得少于二年。

第六十八条　出口的食品由出入境检验检疫机构进行监督、抽检，海关凭出入境检验检疫机构签发的通关证明放行。

出口食品生产企业和出口食品原料种植、养殖场应当向国家出入境检验检疫部门备案。

第六十九条　国家出入境检验检疫部门应当收集、汇总进出口食品安全信息，并及时通报相关部门、机构和企业。

国家出入境检验检疫部门应当建立进出口食品的进口商、出口商和出口食品生产企业的信誉记录，并予以公布。对有不良记录的进口商、出口商和出口食品生产企业，应当加强对其进出口食品的检验检疫。

第七章　食品安全事故处置

第七十条　国务院组织制定国家食品安全事故应急预案。

县级以上地方人民政府应当根据有关法律、法规的规定和上级人民政府的食品安全事故应急预案以及本地区的实际情况，制定本行政区域的食品安全事故应急预案，并报上一级人民政府备案。

食品生产经营企业应当制定食品安全事故处置方案，定期检查本企业各项食品安全防范措施的落实情况，及时消除食品安全事故隐患。

第七十一条　发生食品安全事故的单位应当立即予以处置，防止事故扩大。事故发生单位和接收病人进行治疗的单位应当及时向事故发生地县级卫生行政部门报告。

农业行政、质量监督、工商行政管理、食品药品监督管理部门在日常监督管理中发现食品安全事故，或者接到有关食品安全事故的举报，应当立即向卫生行政部门通报。

发生重大食品安全事故的，接到报告的县级卫生行政部门应当按照规定向本级人民政府和上级人民政府卫生行政部门报告。县级人民政府和上级人民政府卫生行政部门应当按照规定上报。

任何单位或者个人不得对食品安全事故隐瞒、谎报、缓报，不得毁灭有关证据。

第七十二条 县级以上卫生行政部门接到食品安全事故的报告后，应当立即会同有关农业行政、质量监督、工商行政管理、食品药品监督管理部门进行调查处理，并采取下列措施，防止或者减轻社会危害：

（一）开展应急救援工作，对因食品安全事故导致人身伤害的人员，卫生行政部门应当立即组织救治；

（二）封存可能导致食品安全事故的食品及其原料，并立即进行检验；对确认属于被污染的食品及其原料，责令食品生产经营者依照本法第五十三条的规定予以召回、停止经营并销毁；

（三）封存被污染的食品用工具及用具，并责令进行清洗消毒；

（四）做好信息发布工作，依法对食品安全事故及其处理情况进行发布，并对可能产生的危害加以解释、说明。

发生重大食品安全事故的，县级以上人民政府应当立即成立食品安全事故处置指挥机构，启动应急预案，依照前款规定进行处置。

第七十三条 发生重大食品安全事故，设区的市级以上人民政府卫生行政部门应当立即会同有关部门进行事故责任调查，督促有关部门履行职责，向本级人民政府提出事故责任调查处理报告。

重大食品安全事故涉及两个以上省、自治区、直辖市的，由国务院卫生行政部门依照前款规定组织事故责任调查。

第七十四条 发生食品安全事故，县级以上疾病预防控制机构应当协助卫生行政部门和有关部门对事故现场进行卫生处理，并对与食品安全事故有关的因素开展流行病学调查。

第七十五条 调查食品安全事故，除了查明事故单位的责任，还应当查明负有监督管理和认证职责的监督管理部门、认证机构的工作人员失职、渎职情况。

第八章 监督管理

第七十六条 县级以上地方人民政府组织本级卫生行政、农业行政、质量监督、工商行政管理、食品药品监督管理部门制定本行政区域的食品安全年度监督管理计划，并按照年度计划组织开展工作。

第七十七条 县级以上质量监督、工商行政管理、食品药品监督管理部门履行各自食品安全监督管理职责，有权采取下列措施：

（一）进入生产经营场所实施现场检查；

（二）对生产经营的食品进行抽样检验；

（三）查阅、复制有关合同、票据、账簿以及其他有关资料；

（四）查封、扣押有证据证明不符合食品安全标准的食品，违法使用的食品原料、食品添加剂、食品相关产品，以及用于违法生产经营或者被污染的工具、设备；

（五）查封违法从事食品生产经营活动的场所。

县级以上农业行政部门应当依照农产品质量安全法规定的职责，对食用农产品进行监督管理。

第七十八条 县级以上质量监督、工商行政管理、食品药品监督管理部门对食品生产经营者进行监督检查，应当记录监督检查的情况和处理结果。监督检查记录经监督检查人员和食品生产经营者签字后归档。

第七十九条 县级以上质量监督、工商行政管理、食品药品监督管理部门应当建立食品生产经营者食品安全信用档案，记录许可颁发、日常监督检查结果、违法行为查处等情况；根据食品安全信用档案的记录，对有不良信用记录的食品生产经营者增加监督检查频次。

第八十条 县级以上卫生行政、质量监督、工商行政管理、食品药品监督管理部门接到咨询、投诉、举报，对属于本部门职责的，应当受理，并及时进行答复、核实、处理；对不属于本部门职责的，应当书面通知并移交有权处理的部门处理。有权处理的部门应当及时处理，不得推诿；属于食品安全事故的，依照本法第七章有关规定进行处置。

第八十一条 县级以上卫生行政、质量监督、工商行政管理、食品药品监督管理部门应当按照法定权限和程序履行食品安全监督管理职责；对生产经营者的同一违法行为，不得给予二次以上罚款的行政处罚；涉嫌犯罪的，应当依法向公安机关移送。

第八十二条　国家建立食品安全信息统一公布制度。下列信息由国务院卫生行政部门统一公布：

（一）国家食品安全总体情况；

（二）食品安全风险评估信息和食品安全风险警示信息；

（三）重大食品安全事故及其处理信息；

（四）其他重要的食品安全信息和国务院确定的需要统一公布的信息。

前款第二项、第三项规定的信息，其影响限于特定区域的，也可以由有关省、自治区、直辖市人民政府卫生行政部门公布。县级以上农业行政、质量监督、工商行政管理、食品药品监督管理部门依据各自职责公布食品安全日常监督管理信息。

食品安全监督管理部门公布信息，应当做到准确、及时、客观。

第八十三条　县级以上地方卫生行政、农业行政、质量监督、工商行政管理、食品药品监督管理部门获知本法第八十二条第一款规定的需要统一公布的信息，应当向上级主管部门报告，由上级主管部门立即报告国务院卫生行政部门；必要时，可以直接向国务院卫生行政部门报告。

县级以上卫生行政、农业行政、质量监督、工商行政管理、食品药品监督管理部门应当相互通报获知的食品安全信息。

第九章　法律责任

第八十四条　违反本法规定，未经许可从事食品生产经营活动，或者未经许可生产食品添加剂的，由有关主管部门按照各自职责分工，没收违法所得、违法生产经营的食品、食品添加剂和用于违法生产经营的工具、设备、原料等物品；违法生产经营的食品、食品添加剂货值金额不足一万元的，并处二千元以上五万元以下罚款；货值金额一万元以上的，并处货值金额五倍以上十倍以下罚款。

第八十五条　违反本法规定，有下列情形之一的，由有关主管部门按照各自职责分工，没收违法所得、违法生产经营的食品和用于违法生产经营的工具、设备、原料等物品；违法生产经营的食品货值金额不足一万元的，并处二千元以上五万元以下罚款；货值金额一万元以上的，并处货值金额五倍以上十倍以下罚款；情节严重的，吊销许可证：

（一）用非食品原料生产食品或者在食品中添加食品添加剂以外的化学物质，或者用回收食品作为原料生产食品；

（二）生产经营致病性微生物、农药残留、兽药残留、重金属、污染物质以及其他危害人体健康的物质含量超过食品安全标准限量的食品；

（三）生产经营营养成分不符合食品安全标准的专供婴幼儿和其他特定人群的主辅食品；

（四）经营腐败变质、油脂酸败、霉变生虫、污秽不洁、混有异物、掺假掺杂或者感官性状异常的食品；

（五）经营病死、毒死或者死因不明的禽、畜、兽、水产动物肉类，或者生产经营病死、毒死或者死因不明的禽、畜、兽、水产动物肉类的制品；

（六）经营未经动物卫生监督机构检疫或者检疫不合格的肉类，或者生产经营未经检验或者检验不合格的肉类制品；

（七）经营超过保质期的食品；

（八）生产经营国家为防病等特殊需要明令禁止生产经营的食品；

（九）利用新的食品原料从事食品生产或者从事食品添加剂新品种、食品相关产品新品种生产，未经过安全性评估；

（十）食品生产经营者在有关主管部门责令其召回或者停止经营不符合食品安全标准的食品后，仍拒不召回或者停止经营的。

第八十六条　违反本法规定，有下列情形之一的，由有关主管部门按照各自职责分工，没收违法所得、违法生产经营的食品和用于违法生产经营的工具、设备、原料等物品；违法生产经营的食品货值金额不足一万元的，并处二千元以上五万元以下罚款；货值金额一万元以上的，并处货值金额二倍以上五倍以下罚款；情节严重的，责令停产停业，直至吊销许可证：

（一）经营被包装材料、容器、运输工具等污染的食品；

（二）生产经营无标签的预包装食品、食品添加剂或者标签、说明书不符合本法规定的食品、食品添加剂；

（三）食品生产者采购、使用不符合食品安全标准的食品原料、食品添加剂、食品相关产品；

（四）食品生产经营者在食品中添加药品。

第八十七条　违反本法规定，有下列情形之一的，由有关主管部门按照各自职责分工，责令改正，给予警告；拒不改正的，处二千元以上二万元以下罚款；情节严重的，责令停产停业，直至吊销许可证：

（一）未对采购的食品原料和生产的食品、食品添加剂、食品相关产品进行检验；

（二）未建立并遵守查验记录制度、出厂检验记录制度；

（三）制定食品安全企业标准未依照本法规定备案；

（四）未按规定要求贮存、销售食品或者清理库存食品；

（五）进货时未查验许可证和相关证明文件；

（六）生产的食品、食品添加剂的标签、说明书涉及疾病预防、治疗功能；

（七）安排患有本法第三十四条所列疾病的人员从事接触直接入口食品的工作。

第八十八条　违反本法规定，事故单位在发生食品安全事故后未进行处置、报告的，由有关主管部门按照各自职责分工，责令改正，给予警告；毁灭有关证据的，责令停产停业，并处二千元以上十万元以下罚款；造成严重后果的，由原发证部门吊销许可证。

第八十九条　违反本法规定，有下列情形之一的，依照本法第八十五条的规定给予处罚：

（一）进口不符合我国食品安全国家标准的食品；

（二）进口尚无食品安全国家标准的食品，或者首次进口食品添加剂新品种、食品相关产品新品种，未经过安全性评估；

（三）出口商未遵守本法的规定出口食品。

违反本法规定，进口商未建立并遵守食品进口和销售记录制度的，依照本法第八十七条的规定给予处罚。

第九十条 违反本法规定，集中交易市场的开办者、柜台出租者、展销会的举办者允许未取得许可的食品经营者进入市场销售食品，或者未履行检查、报告等义务的，由有关主管部门按照各自职责分工，处二千元以上五万元以下罚款；造成严重后果的，责令停业，由原发证部门吊销许可证。

第九十一条 违反本法规定，未按照要求进行食品运输的，由有关主管部门按照各自职责分工，责令改正，给予警告；拒不改正的，责令停产停业，并处二千元以上五万元以下罚款；情节严重的，由原发证部门吊销许可证。

第九十二条 被吊销食品生产、流通或者餐饮服务许可证的单位，其直接负责的主管人员自处罚决定作出之日起五年内不得从事食品生产经营管理工作。

食品生产经营者聘用不得从事食品生产经营管理工作的人员从事管理工作的，由原发证部门吊销许可证。

第九十三条 违反本法规定，食品检验机构、食品检验人员出具虚假检验报告的，由授予其资质的主管部门或者机构撤销该检验机构的检验资格；依法对检验机构直接负责的主管人员和食品检验人员给予撤职或者开除的处分。

违反本法规定，受到刑事处罚或者开除处分的食品检验机构人员，自刑罚执行完毕或者处分决定作出之日起十年内不得从事食品检验工作。食品检验机构聘用不得从事食品检验工作的人员的，由授予其资质的主管部门或者机构撤销该检验机构的检验资格。

第九十四条　违反本法规定，在广告中对食品质量作虚假宣传，欺骗消费者的，依照广告法的规定给予处罚。

违反本法规定，食品安全监督管理部门或者承担食品检验职责的机构、食品行业协会、消费者协会以广告或者其他形式向消费者推荐食品的，由有关主管部门没收违法所得，依法对直接负责的主管人员和其他直接责任人员给予记大过、降级或者撤职的处分。

第九十五条　违反本法规定，县级以上地方人民政府在食品安全监督管理中未履行职责，本行政区域出现重大食品安全事故、造成严重社会影响的，依法对直接负责的主管人员和其他直接责任人员给予记大过、降级、撤职或者开除的处分。

违反本法规定，县级以上卫生行政、农业行政、质量监督、工商行政管理、食品药品监督管理部门或者其他有关行政部门不履行本法规定的职责或者滥用职权、玩忽职守、徇私舞弊的，依法对直接负责的主管人员和其他直接责任人员给予记大过或者降级的处分；造成严重后果的，给予撤职或者开除的处分；其主要负责人应当引咎辞职。

第九十六条　违反本法规定，造成人身、财产或者其他损害的，依法承担赔偿责任。

生产不符合食品安全标准的食品或者销售明知是不符合食品安全标准的食品，消费者除要求赔偿损失外，还可以向生产者或者销售者要求支付价款十倍的赔偿金。

第九十七条　违反本法规定，应当承担民事赔偿责任和缴纳罚款、罚金，其财产不足以同时支付时，先承担民事赔偿责任。

第九十八条　违反本法规定，构成犯罪的，依法追究刑事责任。

第十章　附　　则

第九十九条　本法下列用语的含义：

食品，指各种供人食用或者饮用的成品和原料以及按照传统既是食品又是药品的物品，但是不包括以治疗为目的的物品。

食品安全，指食品无毒、无害，符合应当有的营养要求，对人体健康不造成任何急性、亚急性或者慢性危害。

预包装食品，指预先定量包装或者制作在包装材料和容器中的食品。

食品添加剂，指为改善食品品质和色、香、味以及为防腐、保鲜和加工工艺的需要而加入食品中的人工合成或者天然物质。

用于食品的包装材料和容器，指包装、盛放食品或者食品添加剂用的纸、竹、木、金属、搪瓷、陶瓷、塑料、橡胶、天然纤维、化学纤维、玻璃等制品和直接接触食品或者食品添加剂的涂料。

用于食品生产经营的工具、设备，指在食品或者食品添加剂生产、流通、使用过程中直接接触食品或者食品添加剂的机械、管道、传送带、容器、用具、餐具等。

用于食品的洗涤剂、消毒剂，指直接用于洗涤或者消毒食品、餐饮具以及直接接触食品的工具、设备或者食品包装材料和容器的物质。

保质期，指预包装食品在标签指明的贮存条件下保持品质的期限。

食源性疾病，指食品中致病因素进入人体引起的感染性、中毒性等疾病。

食物中毒，指食用了被有毒有害物质污染的食品或者食用了含有毒有害物质的食品后出现的急性、亚急性疾病。

食品安全事故，指食物中毒、食源性疾病、食品污染等源于食品，对人体健康有危害或者可能有危害的事故。

第一百条 食品生产经营者在本法施行前已经取得相应许可证的，该许可证继续有效。

第一百零一条 乳品、转基因食品、生猪屠宰、酒类和食盐的食品安全管理，适用本法；法律、行政法规另有规定的，依照其规定。

第一百零二条 铁路运营中食品安全的管理办法由国务院卫生

行政部门会同国务院有关部门依照本法制定。

军队专用食品和自供食品的食品安全管理办法由中央军事委员会依照本法制定。

第一百零三条　国务院根据实际需要，可以对食品安全监督管理体制作出调整。

第一百零四条　本法自 2009 年 6 月 1 日起施行。《中华人民共和国食品卫生法》同时废止。

附录 5 《兽药管理条例》

第一章 总 则

第一条 为了加强兽药管理，保证兽药质量，防治动物疾病，促进养殖业的发展，维护人体健康，制定本条例。

第二条 在中华人民共和国境内从事兽药的研制、生产、经营、进出口、使用和监督管理，应当遵守本条例。

第三条 国务院兽医行政管理部门负责全国的兽药监督管理工作。

县级以上地方人民政府兽医行政管理部门负责本行政区域内的兽药监督管理工作。

第四条 国家实行兽用处方药和非处方药分类管理制度。兽用处方药和非处方药分类管理的办法和具体实施步骤，由国务院兽医行政管理部门规定。

第五条 国家实行兽药储备制度。

发生重大动物疫情、灾情或者其他突发事件时，国务院兽医行政管理部门可以紧急调用国家储备的兽药；必要时，也可以调用国家储备以外的兽药。

第二章 新兽药研制

第六条 国家鼓励研制新兽药，依法保护研制者的合法权益。

第七条 研制新兽药，应当具有与研制相适应的场所、仪器设备、专业技术人员、安全管理规范和措施。

研制新兽药，应当进行安全性评价。从事兽药安全性评价的单位，应当经国务院兽医行政管理部门认定，并遵守兽药非临床研究质量管理规范和兽药临床试验质量管理规范。

第八条 研制新兽药，应当在临床试验前向省、自治区、直辖市人民政府兽医行政管理部门提出申请，并附具该新兽药实验室阶段安全性评价报告及其他临床前研究资料；省、自治区、直辖市人民政府兽医行政管理部门应当自收到申请之日起60个工作日内将审查结果书面通知申请人。

研制的新兽药属于生物制品的，应当在临床试验前向国务院兽医行政管理部门提出申请，国务院兽医行政管理部门应当自收到申请之日起60个工作日内将审查结果书面通知申请人。

研制新兽药需要使用一类病原微生物的，还应当具备国务院兽医行政管理部门规定的条件，并在实验室阶段前报国务院兽医行政管理部门批准。

第九条　临床试验完成后，新兽药研制者向国务院兽医行政管理部门提出新兽药注册申请时，应当提交该新兽药的样品和下列资料：

（一）名称、主要成分、理化性质；

（二）研制方法、生产工艺、质量标准和检测方法；

（三）药理和毒理试验结果、临床试验报告和稳定性试验报告；

（四）环境影响报告和污染防治措施。

研制的新兽药属于生物制品的，还应当提供菌（毒、虫）种、细胞等有关材料和资料。菌（毒、虫）种、细胞由国务院兽医行政管理部门指定的机构保藏。

研制用于食用动物的新兽药，还应当按照国务院兽医行政管理部门的规定进行兽药残留试验并提供休药期、最高残留限量标准、残留检测方法及其制定依据等资料。

国务院兽医行政管理部门应当自收到申请之日起10个工作日内，将决定受理的新兽药资料送其设立的兽药评审机构进行评审，将新兽药样品送其指定的检验机构复核检验，并自收到评审和复核检验结论之日起60个工作日内完成审查。审查合格的，发给新兽药注册证书，并发布该兽药的质量标准；不合格的，应当书面通知申请人。

第十条　国家对依法获得注册的、含有新化合物的兽药的申请人提交的其自己所取得且未披露的试验数据和其他数据实施保护。

自注册之日起6年内，对其他申请人未经已获得注册兽药的申请人同意，使用前款规定的数据申请兽药注册的，兽药注册机关不予注册；但是，其他申请人提交其自己所取得的数据的除外。

除下列情况外，兽药注册机关不得披露本条第一款规定的数据：

（一）公共利益需要；

（二）已采取措施确保该类信息不会被不正当地进行商业使用。

第三章　兽药生产

第十一条　设立兽药生产企业，应当符合国家兽药行业发展规划和产业政策，并具备下列条件：

（一）与所生产的兽药相适应的兽医学、药学或者相关专业的技术人员；

（二）与所生产的兽药相适应的厂房、设施；

（三）与所生产的兽药相适应的兽药质量管理和质量检验的机构、人员、仪器设备；

（四）符合安全、卫生要求的生产环境；

（五）兽药生产质量管理规范规定的其他生产条件。

符合前款规定条件的，申请人方可向省、自治区、直辖市人民政府兽医行政管理部门提出申请，并附具符合前款规定条件的证明材料；省、自治区、直辖市人民政府兽医行政管理部门应当自收到申请之日起20个工作日内，将审核意见和有关材料报送国务院兽医行政管理部门。

国务院兽医行政管理部门，应当自收到审核意见和有关材料之日起40个工作日内完成审查。经审查合格的，发给兽药生产许可证；不合格的，应当书面通知申请人。申请人凭兽药生产许可证办理工商登记手续。

第十二条　兽药生产许可证应当载明生产范围、生产地点、有效期和法定代表人姓名、住址等事项。

兽药生产许可证有效期为5年。有效期届满，需要继续生产兽药的，应当在许可证有效期届满前6个月到原发证机关申请换发兽药生产许可证。

第十三条 兽药生产企业变更生产范围、生产地点的，应当依照本条例第十一条的规定申请换发兽药生产许可证，申请人凭换发的兽药生产许可证办理工商变更登记手续；变更企业名称、法定代表人的，应当在办理工商变更登记手续后15个工作日内，到原发证机关申请换发兽药生产许可证。

第十四条 兽药生产企业应当按照国务院兽医行政管理部门制定的兽药生产质量管理规范组织生产。

国务院兽医行政管理部门，应当对兽药生产企业是否符合兽药生产质量管理规范的要求进行监督检查，并公布检查结果。

第十五条 兽药生产企业生产兽药，应当取得国务院兽医行政管理部门核发的产品批准文号，产品批准文号的有效期为5年。兽药产品批准文号的核发办法由国务院兽医行政管理部门制定。

第十六条 兽药生产企业应当按照兽药国家标准和国务院兽医行政管理部门批准的生产工艺进行生产。兽药生产企业改变影响兽药质量的生产工艺的，应当报原批准部门审核批准。

兽药生产企业应当建立生产记录，生产记录应当完整、准确。

第十七条 生产兽药所需的原料、辅料，应当符合国家标准或者所生产兽药的质量要求。

直接接触兽药的包装材料和容器应当符合药用要求。

第十八条 兽药出厂前应当经过质量检验，不符合质量标准的不得出厂。

兽药出厂应当附有产品质量合格证。

禁止生产假、劣兽药。

第十九条 兽药生产企业生产的每批兽用生物制品，在出厂前应当由国务院兽医行政管理部门指定的检验机构审查核对，并在必要时进行抽查检验；未经审查核对或者抽查检验不合格的，不得销售。强制免疫所需兽用生物制品，由国务院兽医行政管理部门指定的企业生产。

第二十条　兽药包装应当按照规定印有或者贴有标签，附具说明书，并在显著位置注明“兽用”字样。

兽药的标签和说明书经国务院兽医行政管理部门批准并公布后，方可使用。

兽药的标签或者说明书，应当以中文注明兽药的通用名称、成分及其含量、规格、生产企业、产品批准文号（进口兽药注册证号）、产品批号、生产日期、有效期、适应症或者功能主治、用法、用量、休药期、禁忌、不良反应、注意事项、运输贮存保管条件及其他应当说明的内容。有商品名称的，还应当注明商品名称。

除前款规定的内容外，兽用处方药的标签或者说明书还应当印有国务院兽医行政管理部门规定的警示内容，其中兽用麻醉药品、精神药品、毒性药品和放射性药品还应当印有国务院兽医行政管理部门规定的特殊标志；兽用非处方药的标签或者说明书还应当印有国务院兽医行政管理部门规定的非处方药标志。

第二十一条　国务院兽医行政管理部门，根据保证动物产品质量安全和人体健康的需要，可以对新兽药设立不超过5年的监测期；在监测期内，不得批准其他企业生产或者进口该新兽药。生产企业应当在监测期内收集该新兽药的疗效、不良反应等资料，并及时报送国务院兽医行政管理部门。

第四章　兽药经营

第二十二条　经营兽药的企业，应当具备下列条件：

（一）与所经营的兽药相适应的兽药技术人员；

（二）与所经营的兽药相适应的营业场所、设备、仓库设施；

（三）与所经营的兽药相适应的质量管理机构或者人员；

（四）兽药经营质量管理规范规定的其他经营条件。

符合前款规定条件的，申请人方可向市、县人民政府兽医行政管理部门提出申请，并附具符合前款规定条件的证明材料；经营兽用生物制品的，应当向省、自治区、直辖市人民政府兽医行政管理部门提出申请，并附具符合前款规定条件的证明材料。

县级以上地方人民政府兽医行政管理部门，应当自收到申请之日起30个工作日内完成审查。审查合格的，发给兽药经营许可证；不合格的，应当书面通知申请人。申请人凭兽药经营许可证办理工商登记手续。

第二十三条　兽药经营许可证应当载明经营范围、经营地点、有效期和法定代表人姓名、住址等事项。

兽药经营许可证有效期为5年。有效期届满，需要继续经营兽药的，应当在许可证有效期届满前6个月到原发证机关申请换发兽药经营许可证。

第二十四条　兽药经营企业变更经营范围、经营地点的，应当依照本条例第二十二条的规定申请换发兽药经营许可证，申请人凭换发的兽药经营许可证办理工商变更登记手续；变更企业名称、法定代表人的，应当在办理工商变更登记手续后15个工作日内，到原发证机关申请换发兽药经营许可证。

第二十五条　兽药经营企业，应当遵守国务院兽医行政管理部门制定的兽药经营质量管理规范。

县级以上地方人民政府兽医行政管理部门，应当对兽药经营企业是否符合兽药经营质量管理规范的要求进行监督检查，并公布检查结果。

第二十六条　兽药经营企业购进兽药，应当将兽药产品与产品标签或者说明书、产品质量合格证核对无误。

第二十七条　兽药经营企业，应当向购买者说明兽药的功能主治、用法、用量和注意事项。销售兽用处方药的，应当遵守兽用处方药管理办法。

兽药经营企业销售兽用中药材的，应当注明产地。

禁止兽药经营企业经营人用药品和假、劣兽药。

第二十八条　兽药经营企业购销兽药，应当建立购销记录。购销记录应当载明兽药的商品名称、通用名称、剂型、规格、批号、有效期、生产厂商、购销单位、购销数量、购销日期和国务院兽医行政管理部门规定的其他事项。

第二十九条　兽药经营企业，应当建立兽药保管制度，采取必要的冷藏、防冻、防潮、防虫、防鼠等措施，保持所经营兽药的质量。兽药入库、出库，应当执行检查验收制度，并有准确记录。

第三十条　强制免疫所需兽用生物制品的经营，应当符合国务院兽医行政管理部门的规定。

第三十一条　兽药广告的内容应当与兽药说明书内容相一致，在全国重点媒体发布兽药广告的，应当经国务院兽医行政管理部门审查批准，取得兽药广告审查批准文号。在地方媒体发布兽药广告的，应当经省、自治区、直辖市人民政府兽医行政管理部门审查批准，取得兽药广告审查批准文号；未经批准的，不得发布。

第五章　兽药进出口

第三十二条　首次向中国出口的兽药，由出口方驻中国境内的办事机构或者其委托的中国境内代理机构向国务院兽医行政管理部门申请注册，并提交下列资料和物品：

（一）生产企业所在国家（地区）兽药管理部门批准生产、销售的证明文件；

（二）生产企业所在国家（地区）兽药管理部门颁发的符合兽药生产质量管理规范的证明文件；

（三）兽药的制造方法、生产工艺、质量标准、检测方法、药理和毒理试验结果、临床试验报告、稳定性试验报告及其他相关资料；用于食用动物的兽药的休药期、最高残留限量标准、残留检测方法及其制定依据等资料；

（四）兽药的标签和说明书样本；

（五）兽药的样品、对照品、标准品；

（六）环境影响报告和污染防治措施；

（七）涉及兽药安全性的其他资料。

申请向中国出口兽用生物制品的，还应当提供菌（毒、虫）种、细胞等有关材料和资料。

第三十三条　国务院兽医行政管理部门，应当自收到申请之日起10个工作日内组织初步审查。经初步审查合格的，应当将决定受理的兽药资料送其设立的兽药评审机构进行评审，将该兽药样品送其指定的检验机构复核检验，并自收到评审和复核检验结论之日起60个工作日内完成审查。经审查合格的，发给进口兽药注册证书，并发布该兽药的质量标准；不合格的，应当书面通知申请人。

在审查过程中，国务院兽医行政管理部门可以对向中国出口兽药的企业是否符合兽药生产质量管理规范的要求进行考查，并有权要求该企业在国务院兽医行政管理部门指定的机构进行该兽药的安全性和有效性试验。

国内急需兽药、少量科研用兽药或者注册兽药的样品、对照品、标准品的进口，按照国务院兽医行政管理部门的规定办理。

第三十四条　进口兽药注册证书的有效期为5年。有效期届满，需要继续向中国出口兽药的，应当在有效期届满前6个月到原发证机关申请再注册。

第三十五条　境外企业不得在中国直接销售兽药。境外企业在中国销售兽药，应当依法在中国境内设立销售机构或者委托符合条件的中国境内代理机构。

进口在中国已取得进口兽药注册证书的兽用生物制品的，中国境内代理机构应当向国务院兽医行政管理部门申请允许进口兽用生物制品证明文件，凭允许进口兽用生物制品证明文件到口岸所在地人民政府兽医行政管理部门办理进口兽药通关单；进口在中国已取得进口兽药注册证书的其他兽药的，凭进口兽药注册证书到口岸所在地人民政府兽医行政管理部门办理进口兽药通关单。海关凭进口兽药通关单放行。兽药进口管理办法由国务院兽医行政管理部门会同海关总署制定。

兽用生物制品进口后，应当依照本条例第十九条的规定进行审查核对和抽查检验。其他兽药进口后，由当地兽医行政管理部门通知兽药检验机构进行抽查检验。

第三十六条　禁止进口下列兽药：

（一）药效不确定、不良反应大以及可能对养殖业、人体健康造成危害或者存在潜在风险的；

（二）来自疫区可能造成疫病在中国境内传播的兽用生物制品；

（三）经考查生产条件不符合规定的；

（四）国务院兽医行政管理部门禁止生产、经营和使用的。

第三十七条　向中国境外出口兽药，进口方要求提供兽药出口证明文件的，国务院兽医行政管理部门或者企业所在地的省、自治区、直辖市人民政府兽医行政管理部门可以出具出口兽药证明文件。国内防疫急需的疫苗，国务院兽医行政管理部门可以限制或者禁止出口。

第六章　兽药使用

第三十八条　兽药使用单位，应当遵守国务院兽医行政管理部门制定的兽药安全使用规定，并建立用药记录。

第三十九条　禁止使用假、劣兽药以及国务院兽医行政管理部门规定禁止使用的药品和其他化合物。禁止使用的药品和其他化合物目录由国务院兽医行政管理部门制定公布。

第四十条　有休药期规定的兽药用于食用动物时，饲养者应当向购买者或者屠宰者提供准确、真实的用药记录；购买者或者屠宰者应当确保动物及其产品在用药期、休药期内不被用于食品消费。

第四十一条　国务院兽医行政管理部门，负责制定公布在饲料中允许添加的药物饲料添加剂品种目录。

禁止在饲料和动物饮用水中添加激素类药品和国务院兽医行政管理部门规定的其他禁用药品。

经批准可以在饲料中添加的兽药，应当由兽药生产企业制成药物饲料添加剂后方可添加。禁止将原料药直接添加到饲料及动物饮用水中或者直接饲喂动物。

禁止将人用药品用于动物。

第四十二条　国务院兽医行政管理部门，应当制定并组织实施国家动物及动物产品兽药残留监控计划。

县级以上人民政府兽医行政管理部门，负责组织对动物产品中兽药残留量的检测。兽药残留检测结果，由国务院兽医行政管理部门或者省、自治区、直辖市人民政府兽医行政管理部门按照权限予以公布。动物产品的生产者、销售者对检测结果有异议的，可以自收到检测结果之日起 7 个工作日内向组织实施兽药残留检测的兽医行政管理部门或者其上级兽医行政管理部门提出申请，由受理申请的兽医行政管理部门指定检验机构进行复检。

兽药残留限量标准和残留检测方法，由国务院兽医行政管理部门制定发布。

第四十三条　禁止销售含有违禁药物或者兽药残留量超过标准的食用动物产品。

第七章　兽药监督管理

第四十四条　县级以上人民政府兽医行政管理部门行使兽药监督管理权。

兽药检验工作由国务院兽医行政管理部门和省、自治区、直辖市人民政府兽医行政管理部门设立的兽药检验机构承担。国务院兽医行政管理部门，可以根据需要认定其他检验机构承担兽药检验工作。当事人对兽药检验结果有异议的，可以自收到检验结果之日起 7 个工作日内向实施检验的机构或者上级兽医行政管理部门设立的检验机构申请复检。

第四十五条　兽药应当符合兽药国家标准。

国家兽药典委员会拟定的、国务院兽医行政管理部门发布的《中华人民共和国兽药典》和国务院兽医行政管理部门发布的其他兽药质量标准为兽药国家标准。

兽药国家标准的标准品和对照品的标定工作由国务院兽医行政管理部门设立的兽药检验机构负责。

第四十六条　兽医行政管理部门依法进行监督检查时，对有证据证明可能是假、劣兽药的，应当采取查封、扣押的行政强制措施，并自采取行政强制措施之日起7个工作日内作出是否立案的决定；需要检验的，应当自检验报告书发出之日起15个工作日内作出是否立案的决定；不符合立案条件的，应当解除行政强制措施；需要暂停生产、经营和使用的，由国务院兽医行政管理部门或者省、自治区、直辖市人民政府兽医行政管理部门按照权限作出决定。

未经行政强制措施决定机关或者其上级机关批准，不得擅自转移、使用、销毁、销售被查封或者扣押的兽药及有关材料

第四十七条 有下列情形之一的，为假兽药：

（一）以非兽药冒充兽药或者以他种兽药冒充此种兽药的；

（二）兽药所含成分的种类、名称与兽药国家标准不符合的。

有下列情形之一的，按照假兽药处理：

（一）国务院兽医行政管理部门规定禁止使用的；

（二）依照本条例规定应当经审查批准而未经审查批准即生产、进口的，或者依照本条例规定应当经抽查检验、审查核对而未经抽查检验、审查核对即销售、进口的；

（三）变质的；

（四）被污染的；

（五）所标明的适应症或者功能主治超出规定范围的。

第四十八条 有下列情形之一的，为劣兽药：

（一）成分含量不符合兽药国家标准或者不标明有效成分的；

（二）不标明或者更改有效期或者超过有效期的；

（三）不标明或者更改产品批号的；

（四）其他不符合兽药国家标准，但不属于假兽药的。

第四十九条 禁止将兽用原料药拆零销售或者销售给兽药生产企业以外的单位和个人。

禁止未经兽医开具处方销售、购买、使用国务院兽医行政管理部门规定实行处方药管理的兽药。

第五十条 国家实行兽药不良反应报告制度。

兽药生产企业、经营企业、兽药使用单位和开具处方的兽医人

员发现可能与兽药使用有关的严重不良反应，应当立即向所在地人民政府兽医行政管理部门报告。

第五十一条　兽药生产企业、经营企业停止生产、经营超过6个月或者关闭的，由原发证机关责令其交回兽药生产许可证、兽药经营许可证，并由工商行政管理部门变更或者注销其工商登记。

第五十二条　禁止买卖、出租、出借兽药生产许可证、兽药经营许可证和兽药批准证明文件。

第五十三条　兽药评审检验的收费项目和标准，由国务院财政部门会同国务院价格主管部门制定，并予以公告。

第五十四条　各级兽医行政管理部门、兽药检验机构及其工作人员，不得参与兽药生产、经营活动，不得以其名义推荐或者监制、监销兽药。

第八章　法律责任

第五十五条　兽医行政管理部门及其工作人员利用职务上的便利收取他人财物或者谋取其他利益，对不符合法定条件的单位和个人核发许可证、签署审查同意意见，不履行监督职责，或者发现违法行为不予查处，造成严重后果，构成犯罪的，依法追究刑事责任；尚不构成犯罪的，依法给予行政处分。

第五十六条　违反本条例规定，无兽药生产许可证、兽药经营许可证生产、经营兽药的，或者虽有兽药生产许可证、兽药经营许可证，生产、经营假、劣兽药的，或者兽药经营企业经营人用药品的，责令其停止生产、经营，没收用于违法生产的原料、辅料、包装材料及生产、经营的兽药和违法所得，并处违法生产、经营的兽药（包括已出售的和未出售的兽药，下同）货值金额2倍以上5倍以下罚款，货值金额无法查证核实的，处10万元以上20万元以下罚款；无兽药生产许可证生产兽药，情节严重的，没收其生产设备；生产、经营假、劣兽药，情节严重的，吊销兽药生产许可证、兽药经营许可证；构成犯罪的，依法追究刑事责任；给他人造成损失的，依法承担赔偿责任。生产、经营企业的主要负责人和直接负责的主管人员终身不得从事兽药的生产、经营活动。

擅自生产强制免疫所需兽用生物制品的，按照无兽药生产许可证生产兽药处罚。

第五十七条　违反本条例规定，提供虚假的资料、样品或者采取其他欺骗手段取得兽药生产许可证、兽药经营许可证或者兽药批准证明文件的，吊销兽药生产许可证、兽药经营许可证或者撤销兽药批准证明文件，并处 5 万元以上 10 万元以下罚款；给他人造成损失的，依法承担赔偿责任。其主要负责人和直接负责的主管人员终身不得从事兽药的生产、经营和进出口活动。

第五十八条　买卖、出租、出借兽药生产许可证、兽药经营许可证和兽药批准证明文件的，没收违法所得，并处 1 万元以上 10 万元以下罚款；情节严重的，吊销兽药生产许可证、兽药经营许可证或者撤销兽药批准证明文件；构成犯罪的，依法追究刑事责任；给他人造成损失的，依法承担赔偿责任。

第五十九条　违反本条例规定，兽药安全性评价单位、临床试验单位、生产和经营企业未按照规定实施兽药研究试验、生产、经营质量管理规范的，给予警告，责令其限期改正；逾期不改正的，责令停止兽药研究试验、生产、经营活动，并处 5 万元以下罚款；情节严重的，吊销兽药生产许可证、兽药经营许可证；给他人造成损失的，依法承担赔偿责任。

违反本条例规定，研制新兽药不具备规定的条件擅自使用一类病原微生物或者在实验室阶段前未经批准的，责令其停止实验，并处 5 万元以上 10 万元以下罚款；构成犯罪的，依法追究刑事责任；给他人造成损失的，依法承担赔偿责任。

第六十条　违反本条例规定，兽药的标签和说明书未经批准的，责令其限期改正；逾期不改正的，按照生产、经营假兽药处罚；有兽药产品批准文号的，撤销兽药产品批准文号；给他人造成损失的，依法承担赔偿责任。

兽药包装上未附有标签和说明书，或者标签和说明书与批准的内容不一致的，责令其限期改正；情节严重的，依照前款规定处罚。

第六十一条　违反本条例规定，境外企业在中国直接销售兽药的，责令其限期改正，没收直接销售的兽药和违法所得，并处 5 万元以上 10 万元以下罚款；情节严重的，吊销进口兽药注册证书；给他人造成损失的，依法承担赔偿责任。

第六十二条　违反本条例规定，未按照国家有关兽药安全使用规定使用兽药的、未建立用药记录或者记录不完整真实的，或者使用禁止使用的药品和其他化合物的，或者将人用药品用于动物的，责令其立即改正，并对饲喂了违禁药物及其他化合物的动物及其产品进行无害化处理；对违法单位处 1 万元以上 5 万元以下罚款；给他人造成损失的，依法承担赔偿责任。

第六十三条　违反本条例规定，销售尚在用药期、休药期内的动物及其产品用于食品消费的，或者销售含有违禁药物和兽药残留超标的动物产品用于食品消费的，责令其对含有违禁药物和兽药残留超标的动物产品进行无害化处理，没收违法所得，并处 3 万元以上 10 万元以下罚款；构成犯罪的，依法追究刑事责任；给他人造成损失的，依法承担赔偿责任。

第六十四条　违反本条例规定，擅自转移、使用、销毁、销售被查封或者扣押的兽药及有关材料的，责令其停止违法行为，给予警告，并处 5 万元以上 10 万元以下罚款。

第六十五条　违反本条例规定，兽药生产企业、经营企业、兽药使用单位和开具处方的兽医人员发现可能与兽药使用有关的严重不良反应，不向所在地人民政府兽医行政管理部门报告的，给予警告，并处 5 000 元以上 1 万元以下罚款。

生产企业在新兽药监测期内不收集或者不及时报送该新兽药的疗效、不良反应等资料的，责令其限期改正，并处 1 万元以上 5 万元以下罚款；情节严重的，撤销该新兽药的产品批准文号。

第六十六条　违反本条例规定，未经兽医开具处方销售、购买、使用兽用处方药的，责令其限期改正，没收违法所得，并处 5 万元以下罚款；给他人造成损失的，依法承担赔偿责任。

第六十七条　违反本条例规定，兽药生产、经营企业把原料药销售给兽药生产企业以外的单位和个人的，或者兽药经营企业拆零销售原料药的，责令其立即改正，给予警告，没收违法所得，并处2万元以上5万元以下罚款；情节严重的，吊销兽药生产许可证、兽药经营许可证；给他人造成损失的，依法承担赔偿责任。

第六十八条　违反本条例规定，在饲料和动物饮用水中添加激素类药品和国务院兽医行政管理部门规定的其他禁用药品，依照《饲料和饲料添加剂管理条例》的有关规定处罚；直接将原料药添加到饲料及动物饮用水中，或者饲喂动物的，责令其立即改正，并处1万元以上3万元以下罚款；给他人造成损失的，依法承担赔偿责任。

第六十九条　有下列情形之一的，撤销兽药的产品批准文号或者吊销进口兽药注册证书：

（一）抽查检验连续2次不合格的；

（二）药效不确定、不良反应大以及可能对养殖业、人体健康造成危害或者存在潜在风险的；

（三）国务院兽医行政管理部门禁止生产、经营和使用的兽药。

被撤销产品批准文号或者被吊销进口兽药注册证书的兽药，不得继续生产、进口、经营和使用。已经生产、进口的，由所在地兽医行政管理部门监督销毁，所需费用由违法行为人承担；给他人造成损失的，依法承担赔偿责任。

第七十条　本条例规定的行政处罚由县级以上人民政府兽医行政管理部门决定；其中吊销兽药生产许可证、兽药经营许可证、撤销兽药批准证明文件或者责令停止兽药研究试验的，由原发证、批准部门决定。

上级兽医行政管理部门对下级兽医行政管理部门违反本条例的行政行为，应当责令限期改正；逾期不改正的，有权予以改变或者撤销。

第七十一条　本条例规定的货值金额以违法生产、经营兽药的标价计算；没有标价的，按照同类兽药的市场价格计算。

第九章 附 则

第七十二条 本条例下列用语的含义是：

（一）兽药，是指用于预防、治疗、诊断动物疾病或者有目的地调节动物生理机能的物质（含药物饲料添加剂），主要包括：血清制品、疫苗、诊断制品、微生态制品、中药材、中成药、化学药品、抗生素、生化药品、放射性药品及外用杀虫剂、消毒剂等。

（二）兽用处方药，是指凭兽医处方方可购买和使用的兽药。

（三）兽用非处方药，是指由国务院兽医行政管理部门公布的、不需要凭兽医处方就可以自行购买并按照说明书使用的兽药。

（四）兽药生产企业，是指专门生产兽药的企业和兼产兽药的企业，包括从事兽药分装的企业。

（五）兽药经营企业，是指经营兽药的专营企业或者兼营企业。

（六）新兽药，是指未曾在中国境内上市销售的兽用药品。

（七）兽药批准证明文件，是指兽药产品批准文号、进口兽药注册证书、允许进口兽用生物制品证明文件、出口兽药证明文件、新兽药注册证书等文件。

第七十三条 兽用麻醉药品、精神药品、毒性药品和放射性药品等特殊药品，依照国家有关规定管理。

第七十四条 水产养殖中的兽药使用、兽药残留检测和监督管理以及水产养殖过程中违法用药的行政处罚，由县级以上人民政府渔业主管部门及其所属的渔政监督管理机构负责。

第七十五条 本条例自 2004 年 11 月 1 日起施行。

附录6 中华人民共和国农业行业标准《无公害食品 渔用药物使用准则》（NY 5071—2002）

1. 范围

本标准规定了渔用药物使用的基本原则、渔用药物的使用方法以及禁用渔药。

本标准适用于水产增养殖中的健康管理及病害控制过程中的渔药使用。

2. 规范性引用文件

下列文件中的条款通过本标准的引用而成为本标准的条款。凡是注日期的引用文件，其随后所有的修改单（不包括勘误的内容）或修订版均不适用于本标准。然而，鼓励根据本标准达成协议的各方研究是否可使用这些文件的最新版本。凡是不注日期的引用文件，其最新的版本适用于本标准。

NY 5070 无公害食品 水产品中渔药残留限量

NY 5072 无公害食品 渔用配合饲料安全限量

3. 术语和定义

下列术语和定义适用于本标准。

3.1 渔用药物 fishery drugs

用以预防、控制和治疗水产动植物的病、虫、害，促进养殖品种健康生长，增强机体抗病能力以及改善养殖水体质量所使用的一切物质，简称“渔药”。

3.2 生物源渔药 biogenic fishery medicines

直接利用生物活体或生物代谢过程中产生的具有生物活性的物

质或从生物体提取的物质作为防治水产动物病害的渔药。

3.3　渔用生物制品　fishery bioparate

应用天然或人工改造的微生物、寄生虫、生物毒素或生物组织及其代谢产物为原材料，采用生物学、分子生物学或生物化学等相关技术制成的、用于预防、诊断和治疗水产动物传染病和其他有关疾病的生物制剂。它的效价或安全性应采用生物学方法检定并有严格的可靠性。

3.4　休药期　withdrawal time

最后停止给药日至水产品作为食品上市出售的最短时间。

4. 药物使用基本原则

4.1　渔用药物的使用应以不危害人类健康和不破坏水域生态环境为基本原则。

4.2　水生动植物增养殖过程中对病虫害的防治，坚持“以防为主、防治结合”。

4.3　渔药的使用应严格遵循国家和有关部门的有关规定，严禁生产、销售和使用未经取得生产许可证、批准文号、生产执行标准的渔药。

4.4　积极鼓励研制、生产和使用“三效”（高效、速效、长效）、“三小”（毒性小、副作用小、用量小）的渔药，提倡使用水产专用渔药、生物源渔药和渔用生物制品。

4.5　病害发生时应对症用药，防止滥用渔药与盲目增大用药量或增加用药次数、延长用药时间。

4.6　食用鱼上市前，应有相应的休药期。休药期的长短，应确保上市水产品的药物残留限量符合 NY 5070 要求。

4.7　水产饲料中药物的添加应符合 NY 5072 要求，不得选用国家规定禁止使用的药物或添加剂，也不得在饲料中长期添加抗菌药物。

5. 渔用药物使用方法

各类渔用药物的使用方法见表 1。

表1　渔用药物使用方法

渔药名称	用途	用法与用量	休药期/d	注意事项
氧化钙（生石灰）calcii oxydum	用于改善池塘环境，清除敌害生物及预防部分细菌性鱼病	带水清塘：200 mg/L～250 mg/L（虾类：350 m/L～400 mg/L）全池泼洒：20 mg/L（虾类：15 mg/L～30 mg/L）		不能与漂白粉、有机氯、重金属盐、有机络合物混用
漂白粉 bleaching powder	用于清塘、改善池塘环境及防治细菌性皮肤病、烂鳃病出血病	带水清塘：20 mg/L 全池泼洒：1.0 mg/L～1.5 mg/L	≥5	1. 勿用金属容器盛装。2. 勿与酸、铵盐、生石灰混用
二氯异氰尿酸钠 sodium dichloroisocyanurate	用于清塘及防治细菌性皮肤溃疡病、烂鳃病、出血病	全池泼洒：0.3 mg/L～0.6 mg/L	≥10	勿用金属容器盛装
三氯异氰尿酸 trichlorosisocyanuric acid	用于清塘及防治细菌性皮肤溃疡病、烂鳃病、出血病	全池泼洒：0.2 mg/L～0.5 mg/L	≥10	1. 勿用金属容器盛装。2. 针对不同的鱼类和水体的 pH，使用量应适当增减
二氧化氯 chlorine dioxide	用于防治细菌性皮肤病、烂鳃病、出血病	浸浴：20 mg/L～40 mg/L，5 min～10 min 全池泼洒：0.1 mg/L～0.2 mg/L，严重时 0.3 mg/L～0.6 mg/L	≥10	1. 勿用金属容器盛装。2. 勿与其他消毒剂混用

（续）

渔药名称	用途	用法与用量	休药期/d	注意事项
二溴海因	用于防治细菌性和病毒性疾病	全池泼洒：0.2 mg/L～0.3 mg/L		
氯化钠（食盐）sodium choiride	用于防治细菌、真菌或寄生虫疾病	浸浴：1%～3%，5 min～20 min		
硫酸铜（蓝矾、胆矾、石胆）copper sulfate	用于治疗纤毛虫、鞭毛虫等寄生性原虫病	浸浴：8 mg/L（海水鱼类：8 mg/L～10 mg/L），15 min～30 min 全池泼洒：0.5 mg/L～0.7 mg/L（海水鱼类：0.7 mg/L～1.0 mg/L）		1. 常与硫酸亚铁合用。 2. 广东鲂慎用。 3. 勿用金属容器盛装。 4. 使用后注意池塘增氧。 5. 不宜用于治疗小瓜虫病
硫酸亚铁（硫酸低铁、绿矾、青矾）ferrous sulphate	用于治疗纤毛虫、鞭毛虫等寄生性原虫病	全池泼洒：0.2 mg/L（与硫酸铜合用）		1. 治疗寄生性原虫病时需与硫酸铜合用。 2. 乌鳢慎用。
高锰酸钾（锰酸钾、灰锰氧、锰强灰）potassium permanganate	用于杀灭锚头鳋	浸浴：10 mg/L～20 mg/L，15 min～30 min 全池泼洒：4 mg/L～7 mg/L		1. 水中有机物含量高时药效降低。 2. 不宜在强烈阳光下使用

（续）

渔药名称	用途	用法与用量	休药期/d	注意事项
四烷基季铵盐络合碘（季铵盐含量为 50%）	对病毒、细菌、纤毛虫、藻类有杀灭作用	全池泼洒：0.3 mg/L（虾类相同）		1. 勿与碱性物质同时使用。 2. 勿与阴性离子表面活性剂混用。 3. 使用后注意池塘增氧。 4. 勿用金属容器盛装
大蒜 crow's treacle，garlic	用于防治细菌性肠炎	拌饵投喂：10 g/kg 体重～30 g/kg 体重，连用 4 d～6 d（海水鱼类相同）		
大蒜素粉（含大蒜素 10%）	用于防治细菌性肠炎	0.2 g/kg 体重，连用 4 d～6 d（海水鱼类相同）		
大黄 medicinal rhubarb	用于防治细菌性肠炎、烂鳃	全池泼洒：2.5 mg/L～4.0 mg/L（海水鱼类相同） 拌饵投喂：5 g/kg 体重～10 g/kg 体重，连用 4 d～6 d（海水鱼类相同）		投喂时常与黄芩、黄柏合用（三者比例为5∶2∶3）
黄芩 raikai skullcap	用于防治细菌性肠炎、烂鳃、赤皮、出血病	拌饵投喂：2 g/kg 体重～4 g/kg 体重，连用 4 d～6 d（海水鱼类相同）		投喂时常与大黄、黄柏合用（三者比例为2∶5∶3）

（续）

渔药名称	用途	用法与用量	休药期/d	注意事项
黄柏 amur corktree	用防防治细菌性肠炎、出血	拌饵投喂： 3 g/kg 体重～6 g/kg 体重，连用 4 d～6 d （海水鱼类相同）		投喂时常与大黄、黄芩合用（三者比例为 3∶5∶2）
五倍子 Chinese sumac	用于防治细菌性烂鳃、赤皮、白皮、疖疮	全池泼洒： 2 mg/L～4 mg/L （海水鱼类相同）		
穿心莲 common andrographis	用于防治细菌性肠炎、烂鳃、赤皮	全池泼洒： 15 mg/L～20 mg/L 拌饵投喂： 10 g/kg 体重～20 g/kg 体重，连用 4 d～6 d		
苦参 lightyellow sophora	用于防治细菌性肠炎、竖鳞	全池泼洒： 1.0 mg/L～1.5 mg/L 拌饵投喂： 1 g/kg 体重～2 g/kg 体重，连用 4 d～6 d		
土霉素 oxytetracycline	用于治疗肠炎病、弧菌病	拌饵投喂：50 mg/kg 体重～80 mg/kg 体重，连用 4 d～6 d （海水鱼类相同，虾类：50 mg/kg 体重～80 mg/kg 体重，连用 5 d～10 d）	≥30 （鳗鲡） ≥21 （鲇鱼）	勿与铝、镁离子及卤素、碳酸氢钠、凝胶合用

（续）

渔药名称	用途	用法与用量	休药期/d	注意事项
噁喹酸 oxolinic acid	用于治疗细菌肠炎病、赤鳍病、香鱼、对虾弧菌病，鲈鱼结节病，鲱鱼疖疮病	拌饵投喂：10 mg/kg 体重～30 mg/kg 体重，连用 5 d～7 d（海水鱼类 1 mg/kg 体重～20 mg/kg 体重；对虾：6 mg/kg 体重～60 mg/kg 体重，连用 5 d）	≥25（鳗鲡） ≥21（鲤鱼、香鱼） ≥16（其他鱼类）	用药量视不同的疾病有所增减
磺胺嘧啶 （磺胺哒嗪） sulfadiazine	用于治疗鲤科鱼类的赤皮病、肠炎病，海水鱼链球菌病	拌饵投喂： 100 mg/kg 体重连用 5 d （海水鱼类相同）		1. 与甲氧苄啶（TMP）同用，可产生增效作用。 2. 第一天药量加倍
磺胺甲噁唑 （新诺明、新明磺） sulfamethoxazole	用于治疗鲤科鱼类的肠炎病	拌饵投喂： 100 m/kg 体重， 连用 5 d～7 d		1. 不能与酸性药物同用。 2. 与甲氧苄啶（TMP）同用，可产生增效作用。 3. 第一天药量加倍
磺胺间甲氧嘧啶 （制菌磺、磺胺-6-甲氧嘧啶） sulfamonomethoxine	用于治疗鲤科鱼类的竖鳞病、赤皮病及弧菌病	拌饵投喂：50 m/kg 体重～100 mg/kg 体重，连用 4 d～6 d	≥37（鳗鲡）	1. 与甲氧苄啶（TMP）同用，可产生增效作用。 2. 第一天药量加倍

（续）

渔药名称	用途	用法与用量	休药期/d	注意事项
氟苯尼考 florfenicol	用于治疗鳗鲡爱德华氏病、赤鳍病	拌饵投喂： 10.0 mg/kg 体重， 连用 4 d～6 d	≥7 （鳗鲡）	
聚维酮碘（聚乙烯吡咯烷酮碘、皮维碘、PVP-1、伏碘）（有效碘 1.0%） povidone-iodine	用于防治细菌烂鳃病、弧菌病、鳗鲡红头病。并可用于预防病毒病：如草鱼出血病、传染性胰腺坏死病、传染性造血组织坏死病、病毒性出血败血症	全池泼洒：海、淡水幼鱼、幼虾： 0.2 mg/L～0.5 mg/L 海、淡水成鱼、成虾： 1 mg/L～2 mg/L 鳗鲡：2 mg/L～4 mg/L 浸浴： 草鱼种：30 mg/L， 15 min～20 min 鱼卵： 30 mg/L～50 mg/L （海水鱼卵 25 mg/L～30 mg/L）， 5 min～15 min		1. 勿与金属物品接触。 2. 勿与季铵盐类消毒剂直接混合使用

注 1：用法与用量栏未标明海水鱼类与虾类的均适用于淡水鱼类。

注 2：休药期为强制性。

6. 禁用渔药

严禁使用高毒、高残留或具有三致毒性（致癌、致畸致突变）的渔药。严禁使用对水域环境有严重破坏而又难以修复的渔药，严禁直接向养殖水域泼洒抗菌素，严禁将新近开发的人用新药作为渔药的主要或将要成分。禁用渔药见表 2。

表 2　禁用渔药

药物名称	化学名称（组成）	别名
地虫硫磷 fonofos	0-2基-S苯基二硫代磷酸乙酯	大风雷
六六六 BHC（HCH） benzem，bexachloridge	1，2，3，4，5，6-六氯环己烷	
林丹 lindane，agammaxare， gamma-BHC gamma-HCH	γ-1，2，3，4，5，6-六氯环己烷	丙体六六六
毒杀芬 camphechlor（ISO）	八氯莰烯	氯化莰烯
滴滴涕 DDT	2，2-双（对氯苯基）-1，1，1-三氯乙烷	
甘汞 calomel	二氯化汞	
硝酸亚汞 mercurous nitrate	硝酸亚汞	
醋酸汞 mercuric acetate	醋酸汞	
呋喃丹 carbofuran	2，3-氢-2，2-二甲基-7-苯并呋喃-甲基氨基甲酸酯	克百威、大扶农
杀虫脒 chlordimeform	N-（2-甲基-4-氯苯基）N'，N'-二甲基甲脒盐酸盐	克死螨
双甲脒 anitraz	1，5-双-（2，4-二甲基苯基）-3-甲基1，3，5-三氮戊二烯-1，4	二甲苯胺脒
氟氯氰菊酯 cyfluthrin	α-氰基-3-苯氧基-4-氟苄基（IR，3R）-3-（2，2-二氯乙烯基）-2，2-二甲基环丙烷羧酸酯	百树菊酯、百树得
五氯酚钠 PCP-Na	五氯酚钠	

（续）

药物名称	化学名称（组成）	别名
孔雀石绿 malachite green	$C_{23}H_{25}ClN_2$	碱性绿、 盐基块绿、 孔雀绿
锥虫胂胺 tryparsamide		
酒石酸锑钾 anitmony potassium tartrate	酒石酸锑钾	
磺胺噻唑 sulfathiazolum ST，norsultazo	2-（对氨基苯碘酰胺）-噻唑	消治龙
磺胺脒 sulfaguanidine	N_1-脒基磺胺	磺胺胍
呋喃西林 furacillinum，nitrofurazone	5-硝基呋喃醛缩氨基脲	呋喃新
呋喃唑酮 furazolidonum，nifulidone	3-（5-硝基糠醛缩氨基）-2-噁唑烷酮	痢特灵
呋喃那斯 furanace，nifurpirinol	6-羟甲基-2-［-5-硝基-2-呋喃基乙烯基］吡啶	P-7138 （实验名）
氯霉素 （包括其盐、酯及制剂） chloramphennicol	由委内瑞拉 链霉素生产或合成法制成	
红霉素 erythromycin	属微生物合成，是 *Streptomyces erythreus* 生产的抗生素	
杆菌肽锌 zinc bacitracin premin	由枯草杆菌 *Bacillus subtilis* 或 *B. leicheniformis* 所产生的抗生素，为一含有噻唑环的多肽化合物	枯草菌肽
泰乐菌素 tylosin	S. fradiae 所产生的抗生素	

（续）

药物名称	化学名称（组成）	别名
环丙沙星 ciprofloxacin（CIPRO）	为合成的第三代喹诺酮类抗菌药，常用盐酸盐水合物	环丙氟哌酸
阿伏帕星 avoparcin		阿伏霉素
喹乙醇 olaquindox	喹乙醇	喹酰胺醇 羟乙喹氧
速达肥 fenbendazole	5-苯硫基-2-苯并咪唑	苯硫哒唑氨 甲基甲酯
己烯雌酚 （包括雌二醇等其他类似合成等雌性激素） diethylstilbestrol，stilbestrol	人工合成的非甾体雌激素	乙烯雌酚， 人造求偶素
甲基睾丸酮 （包括丙酸睾丸素、去氢甲睾酮以及同化物等雄性激素） methyltestosterone， metandren	睾丸素 C_{17} 的甲基衍生物	甲睾酮 甲基睾酮

附录7　中华人民共和国农业行业标准《无公害食品　水产品中渔药残留限量》（NY 5070—2002）

1. 范围

本标准规定了无公害水产品中渔药残留的最高限量。

本标准适用于养殖的水产品及初级加工水产品、冷冻水产品，其他水产加工品可以参照使用。

2. 规范性引用文件

下列文件中的条款通过本标准的引用而成为本标准的条款。凡是注日期的引用文件，其随后所有的修改单（不包括勘误的内容）或修订版均不适用于本标准，然而，鼓励根据本标准达成协议的各方研究是否可使用这些文件的最新版本。凡是不注日期的引用文件，其最新版本适用于本标准。

GB/T 14929.4　食品中氯氰菊酯、氰戊菊酯和溴氰菊酯残留量测定方法

GB/T 14931.1　畜禽肉中土霉素、四环素、金霉素残留量测定方法（高效液相色谱法）

GB/T 5009.20　食品中有机磷农药残留量的测定方法

SC/T 3303　冻烤鳗

NY 5071　无公害食品　渔用药物使用准则

SN/T 0197　出口肉中喹乙醇残留量检验方法

SN/T 0199　出口肉中甲砜霉素残留量检验方法

SN/T 0206　出口鳗鱼中嗯喹酸残留量的检验方法

SN/T 0208　出口肉中十种磺胺残留量的检验方法

SN/T 0282　出口肉中乙氧喹残留量的检验方法　荧光光度法

SN/T 0289　出口禽肉中二甲硝咪唑残留量的检验方法

SN/T 0341　出口肉及肉制品中氯霉素残留量的检验方法

SN/T 0530　出口肉中呋喃唑酮残留量的检验方法　液相色谱法

SN/T 0538　出口肉品中红霉素残留量的检验方法　杯碟法

3. 术语和定义

下列术语和定义适用于本标准。

3.1　渔用药物　fishery drugs

水产增养殖过程中用于预防、控制和治疗水产动、植物的病、虫、害，促进养殖品种健康生长，增强机体抗病能力以及改善养殖水体质量的一切物质。简称渔药。

3.2　渔药残留　residues of fishery drugs

在水产品的任何食用部分中渔药的原型化合物或/和其代谢产物，并包括与药物本体有关杂质的残留。

3.3　最高残留限量　maximum residue limit（MRL）

对水产动、植物用药后产生的允许存在于食物表面或内部的该药（或标志残留物）的最高量/浓度（以鲜重计，表示为：μg/kg或 mg/kg）。

4. 要求

4.1 渔药及其使用

渔药应符合国家有关兽药管理规定，使用时按 NY 5071 的要求进行。

4.2　水产品中渔药残留限量要求

水产品中渔药残留限量要求见表 1。

表 1　水产品中渔药残留限量

药物类别		药物名称		指标（MRL）μg/kg	方法检出限 μg/kg
		中文	英文		
抗生素类	氨基糖甙类	链霉素	streptomycin	500	100
	四环素	金霉素	chlortetracycline	100	50
		土霉素	oxytetracycline	100	50
		四环素	tetracycline	100	50
	氯霉素类	氯霉素	chloramphenicol	不得检出	10
		甲砜霉素	thiamphenicol	不得检出	500
	大环内酯类	红霉素	erythromycin	100	50
磺胺类及增效剂		磺胺嘧啶	sulfadiazine	100	5
		磺胺甲基嘧啶	sulfamerazine	100	10
		磺胺二甲基嘧啶	sulfamethazine	100	10
		磺胺二甲氧基嘧啶	sulfadimethxoine	100	5
		磺胺异噁唑	sulfisoxazole	100	5
		甲氧苄啶	trimethoprim	50	20
喹诺酮类		环丙沙星	ciprofloxacin	50	10
		恩诺沙星	enrofloxacin	50	10
		诺氟沙星	norfloxacin	50	10
		噁喹酸	Oxilinic acid	不得检出	40
硝基呋喃类		呋喃唑酮	furazolidone	不得检出	10
硝基咪唑类		二甲硝咪唑	dimetronidazole	不得检出	5
		甲硝咪唑	metronidzole	不得检出	5
生长调节剂及激素		己烯雌粉	diethylstilbestrol	不得检出	1
		喹乙醇	olaquindox	不得检出	50
		甲基睾丸酮	methltestostone	不得检出	
抗氧化剂		乙氧喹	ethoxyquin	500	50
其他药物		敌百虫	trichlorfon	100	30
		孔雀石绿	malachite green	不得检出	
		溴氰菊酯	deletamezhrin	100	20

5. 试验方法

5.1 溴氰菊酯

溴氰菊酯的测定按 GB/T 14929.4 的规定。

5.2 土霉素、四环素、金霉素

土霉素、四环素、金霉素的测定按 GB/T 14931.1 的规定。

5.3 敌百虫

敌百虫的测定按 GB/T 5009.20 的规定。

5.4 喹乙醇

喹乙醇的测定按 SN/T 0197 的规定。

5.5 甲砜霉素

甲砜霉素的测定按 SN/T 0199 的规定。

5.6 噁喹酸

噁喹酸的测定按 SN/T 0206 的规定。

5.7 磺胺类

磺胺类中的磺胺甲基嘧啶、磺胺二甲基嘧啶的测定按 SC/T 3303 的规定，其他磺胺类按 SN/T 0208 的规定。

5.8 乙氧喹

乙氧喹的测定按 SN/T 0282 的规定。

5.9 二甲硝咪唑、甲硝咪唑

二甲硝咪唑、甲硝咪唑的测定按 SN/T 0289 的规定。

5.10 氯霉素

氯霉素的测定按 SN/T 0341 的规定。

5.11 红霉素

红霉素的测定按 SN/T 0538 的规定。

5.12 呋喃唑酮

呋喃唑酮的测定按 SN/T 0530 的测定。

5.13 己烯雌酚

己烯雌酚的测定采用酶联免疫法。

6. 检验规则

6.1 抽样

6.1.1 组批规则

同一水产养殖场内，在品种、养殖时间、养殖方式基本相同的养殖水产品为一批（同一养殖池，或多个养殖池）；水产加工品按批号抽样，在原料及生产条件基本相同下同一天或同一班组生产的产品为一批。

6.1.2 抽样方法

6.1.2.1 养殖水产品

随机从各养殖池抽取有代表性的样品，取样量见表 2。

表 2 取样量

生物数量/（尾、只）	取样量/（尾、只）
500 以内	2
500～1 000	4
1 001～5 000	10
5 001～10 000	20
≥10 001	30

6.2 水产加工品

每批抽取样本以箱为单位，100 箱以内取 3 箱，以后每增加 100 箱（包括不足 100 箱）则抽 1 箱。

按所取样本从每箱内各抽取样品不少于 3 件，每批取样量不少于 10 件。

6.3 取样和样品的处理

采取的样品应分成两等分，其中一份作为留样。从样本中取有代表性的样品，装入适当容器，并保证每份样品都能满足分析的要求；样品的处理按规定的方式进行，通过细切、纹肉机绞碎、缩分，使其混合均匀；鱼、虾、贝、藻等各类样品量不少于 200 g。

各类样品的处理方法如下。

a）鱼类：先将鱼体表面杂质洗净，去掉鳞片、内脏，取肉（包括脊背和腹部）肉和皮一起绞碎，特殊要求除外。

b）鱼鳖类：去头，放出血液，取其肌肉包括裙边，搅碎后进行测定。

c）虾类：洗净后，去头、壳，取其肌肉进行测定。

d）贝类：鲜的、冷冻的牡蛎、蛤俐等要把肉和体液调制均匀后进行分析测定。

e）蟹：取肉和性腺进行测定。

f）混匀的样品，如不及时分析，应置于清洁、密闭的玻璃容器，冰冻保存。

6.4　判定规则

按不同产品的要求所检的渔药残留各指标均应符合本标准的要求，各项指标中的极限值采用修约值比较法。超过限量标准规定时，允许加倍抽样将此项指标复验一次，按复验结果判定本批产品是否合格。经复检后所检指标仍不合格的产品则判为不合格品。

附录8 欧盟、美国等国家与组织规定的水产品中渔药最高残留限量

药物	种类	组织	最高残留限量（μg/g）	制订组织/国家
土霉素（oxytetracycline）	鱼类	肌肉	0.1	联合国
			0.2	联合国
	斑节对虾	—	0.1	联合国
		肌肉	0.1	联合国
	鲑科	—	0.2	美国
	—	—	0.1	欧盟
	鲑科、鱼类、龙虾	可食组织	0.1	加拿大
磺胺二甲嘧啶（sulfadimidine）	—	肌肉，肝脏，肾脏，脂肪	0.1	联合国
所有磺胺类药物	—	所有食品	0.1	欧盟
磺胺嘧啶 sulfadiazine	鲑科鱼类	可食组织	0.1	加拿大
三甲氧苄啶 trimethoprimum		肌肉	0.1	
roment 30 SDM		可食组织	0.1	
roment 30 OMP		肌肉	0.5	
		皮肤	1	
氟甲喹（flumequine）	鳟	正常比例的肌肉和皮肤	0.5	联合国
甲砜氯霉素（thiamphenicol）	鱼类	肌肉	0.05	联合国

（续）

药物	种类	组织	最高残留限量（μg/g）	制订组织/国家
溴氢菊酯（deltamethrin）	鲑	肌肉	0.03	联合国
氟乐灵（trifluralin）	对虾或淡水虾	—	0.001	美国
嗯喹酸（oxolinic acid）	鲑	—	0.01	美国
甲氧苄啶（trimethoprim）	鱼类	—	0.05	欧盟
阿莫西林（amoxicyllin）	所有食品	—	0.05	
氨苄西林（ampicillin）		—	0.05	
苄青霉素（benzylpenicillin）		—	0.05	
氯苯唑青霉素（cloxacillin）		—	0.3	
双氯青霉素（dicloxacillin）		—	0.3	
苯唑青霉素（oxacillin）		—	0.3	
青霉素（g/penethamate）		—	0.05	
沙氟沙星（sarafloxacin）	鲑科鱼类	—	0.03	
金霉素（chlortetracycline）	所有食品	—	0.1	

（续）

药物	种类	组织	最高残留限量（μg/g）	制订组织/国家
四环素（tetracycline）	所有食品	—	0.1	欧盟
埃玛克廷苯甲酸类（emamectinbenzoate）	鲑科鱼类	—	0.1	
特氟苯剂（teflubenzuron）	鲑科鱼类	—	0.5	
除虫脲（diflubenzuron）	鲑科鱼类	—	1	欧盟
三亚甲基磺酸类	鲑科鱼类	可食组织	0.02	
特氟苯剂 teflubenzuron	鲑科鱼类	肌肉	0.3	
		皮肤	3.2	
埃玛克廷苯甲酸类 emamectin benzoate	—	肌肉	0.05	
氟苯尼考 florfenicol	鲑科鱼类	可食组织	0.1	

注：资料来自联合国粮食及农业组织等机构的官方网站。

图书在版编目（CIP）数据

渔药使用风险管控疑难问题精解 / 全国水产技术推广总站编．—北京：中国农业出版社，2018.11
ISBN 978－7－109－24615－7

Ⅰ.①渔…　Ⅱ.①全…　Ⅲ.①渔业-用药法-问题解答　Ⅳ.①S948－44

中国版本图书馆 CIP 数据核字（2018）第 211836 号

中国农业出版社出版
（北京市朝阳区麦子店街 18 号楼）
（邮政编码 100125）
责任编辑　王金环　郑　珂

北京通州皇家印刷厂印刷　　新华书店北京发行所发行
2018 年 11 月第 1 版　　2018 年 11 月北京第 1 次印刷

开本：880mm×1230mm 1/32　　印张：5　　插页：2
字数：130 千字
定价：25.00 元

彩图 1　药物敏感性检测试管（一）

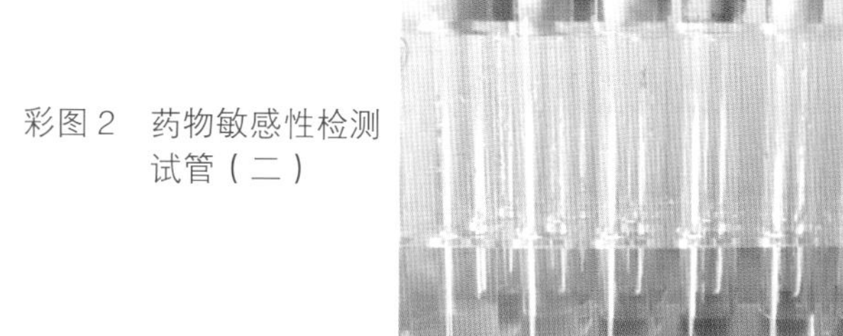

彩图 2　药物敏感性检测试管（二）

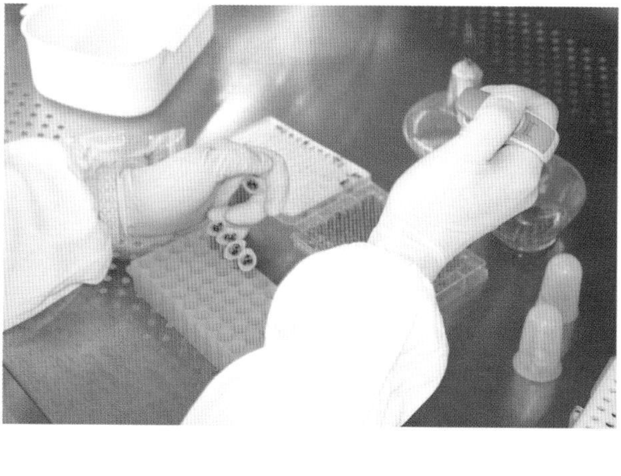

彩图 3　技术人员在开展药物敏感性试验（一）

彩图 4　技术人员在开展药物敏感性试验（二）

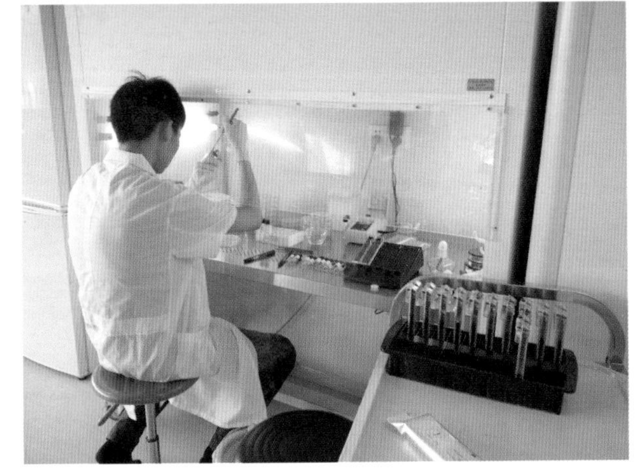

彩图 5　技术人员在开展药物敏感性试验（三）

彩图 6　置于培养箱中的药敏试验试管

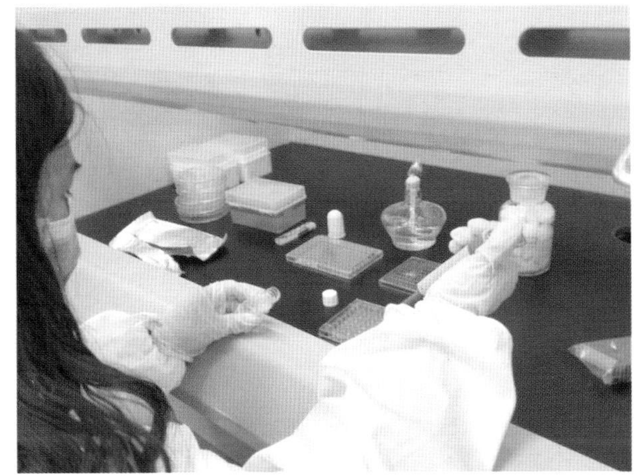

彩图 7　使用 96 孔板做药敏试验

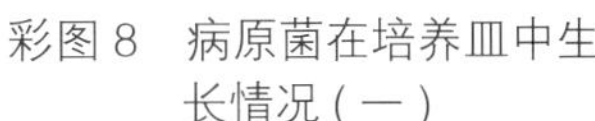

彩图 8　病原菌在培养皿中生长情况（一）

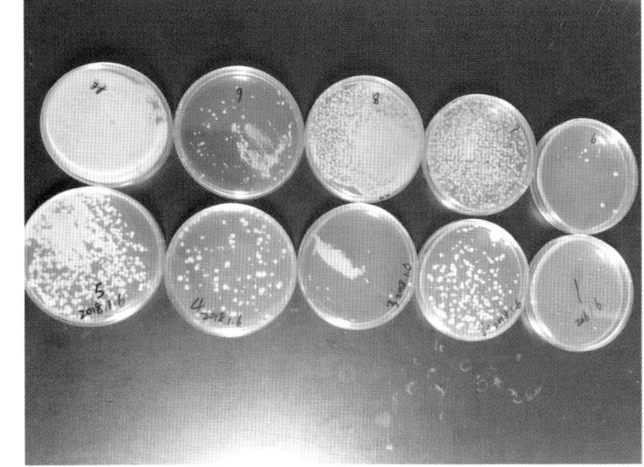

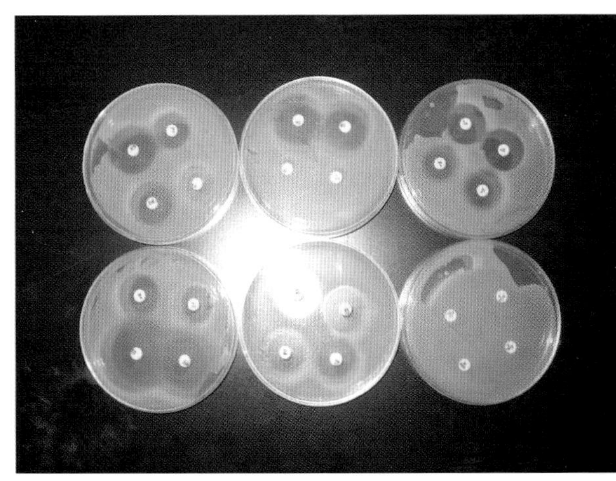

彩图 9　病原菌在培养皿中生长情况（二）

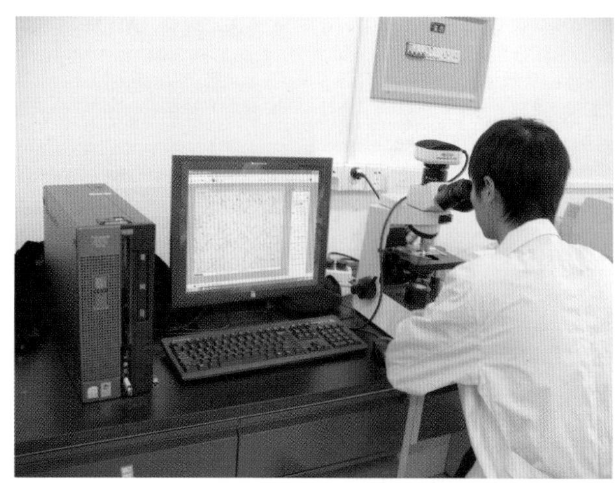

彩图 10　技术人员显微镜下观察细菌

彩图 11　技术人员在观察水质

彩图 12　比较市场上销售的消毒剂质量